"十二五"普通高等教育本科国家级规划教材
纺织服装类"十四五"部委级规划教材
服 装 设 计 专 业 主 干 教 材

U0163357

FASHION DESIGN 3

服装设计

男装设计

（第3版）

许才国　刘晓刚　编著

东华大学 出版社

·上海·

图书在版编目（CIP）数据

服装设计. 3, 男装设计 / 许才国, 刘晓刚编著. —
3 版. —上海: 东华大学出版社, 2023.2
ISBN 978-7-5669-2134-5

Ⅰ. ①服… Ⅱ. ①许… ②刘… Ⅲ. ①男服—服装设
计 Ⅳ. ①TS941

中国版本图书馆 CIP 数据核字(2022)第 236554 号

责任编辑　徐 建 红
书籍设计　东华时尚

出　　　版: 东华大学出版社(地址 : 上海市延安西路 1882 号　邮编 :200051)
本 社 网 址 : dhupress.dhu.edu.cn
天猫旗舰店 : http://dhdx.tmall.com
营 销 中 心 : 021-62193056　62373056　62379558
印　　　刷: 上海颛辉印刷厂有限公司
开　　　本: 787mm×1092mm　1/16
印　　　张: 11
字　　　数: 310 千字
版　　　次: 2023 年 2 月第 3 版
印　　　次: 2023 年 2 月第 1 次
书　　　号: ISBN 978-7-5669-2134-5
定　　　价: 68.00 元

本书如有印刷、装订等质量问题，请与出版社营销中心联系调换，电话:021-62373056

目 录

第一章
现代男装与产业发展概述

　　在服装发展史中,历史的潮流是连续的,所谓的现代概念,早在19世纪就已经出现。1789年法国大革命至1914年第一次世界大战爆发前的一个多世纪,即西洋服装史上所说的近代。这一时期,欧洲多个国家的政治、经济、文化都发生了剧烈的变化。1789年法国资产阶级大革命宣告封建专制统治政体的结束,再加上18世纪末19世纪初的第一次产业革命(又称英国工业革命)兴起,这两大革命打开了西欧社会的封建主义大门,使其向工业社会急速转变。各种科学发明、发现改变了人类的生活方式、思想意识和社会结构。自1830年起,时装杂志开始在欧洲普及,1846年美国的豪(Elias Haue)发明了缝纫机,1856年英国的帕肯(William Henry Parkin)发现并合成了染料阿尼林(Aniline dye,苯胺染料),1884年法国查尔东耐(Chardonnet)发明了人造纤维,这些事件为20世纪新生活方式的到来做好了精神和物质上的准备,形成了现代服装的基础。

　　服装的发展受到政治、阶级、道德、艺术、宗教、经济、战争等诸多因素的影响。20世纪的两次世界大战给人们带来了巨大的灾难,但在推动服装发展特别是女装发展方面起到了较为积极的作用。战争强制性地改变了人们的世界观、价值观、审美观与生活方式。因此,服装史上的近代与现代的时代划分常以1914年爆发的第一次世界大战为分界点。

第一节　现代男装发展变化规律

　　长期以来,服装业的发展显得"重女轻男"。女装有着丰富的品类、绚丽的色彩、华贵的面料和新奇的款式,其变化速度之快、变化幅度之大,让人目不暇接,呈现出千姿百态、百花齐放的景象。而男装更多地表现出一种标准化、程式化的缓慢的发展步伐。经典的款式和传统的面料、规范的版型和严谨的工艺使得男装看起来比女装要低调得多。20世纪的服装史几乎成了一部女装的发展史。事实上,男装也经历过辉煌和奢华的时期,早期服装的每一次变革都是从男装的变革开始的。在巴洛克时期,宫廷男装甚至比女装还要繁琐、华丽。19世纪结束后,男士服装才逐渐趋于简化,款式也日益朝着简约的方向发展。在男性对人类社会文明与进步做出积极而巨大的贡献的同时,男装也表现出日趋多样化和个性化的发展特征。特别是第二次世界大战以后,随着妇女广泛地参与到传统意义上属于男性统治的社会生活和工作环境,男装开始受到女性服装样式和着装观念的影响,变得丰富多彩起来。

一、男装发展变化的主要原因
　　男装发展变化的原因主要有以下几个方面。
（一）社会责任的压力
　　长期以来,男性在社会活动中的表现使得男性逐步居于人类社会的主导地位,与此同时,男性来自于社会责任的压力明显高于女性,这种压力也传导到了男装领域,成为影响男装发展的因素之一。在社会责任的压迫下,男性将更多的精力用于学习和工作中。作为普通消费者,男性主动参与服装变革的成分较少,往往只是被动地接受事实,造成男性消费者的从众倾向十分明显。因此,男装设计也不得不顺应这一特征,在设计思维上变得保守起来。男装变革的步伐,特别是男装在外观上的变革自然落后于女装变革。然而,社会责任的压力并不完全是限制男装发展的阻力,这种压力可以变成动力,从另外一个方面对男装提出了诸如品质、品位、品牌等要求。
（二）生活状态的改变
　　近年来,人们对男性的生活态度和社会角色的看法发生了不小的变化,这也促成了男性本身的潜意识释放,社会对男性的这种改变表现出了前所未有的宽容,这种宽容进一步导致男性生活态度的变化。比如一直为女人服务的化妆术和整形术在潮流男士中受到热捧,女性服装中的亮点也开始成为部分男性公开模仿的对象,男人开始承担传统意义上的女人的生活和工作内容,比如照料家务、抚养孩子、医务护理等。这些男性生活状态的改变引起男装企业的高度重视,从个别品牌在产品设计开发中引入这些因素,逐步发展到男装行业在一定程度上的某种共识,形成一股加速男装行业发展的推动力(图1-1)。

图 1-1　现代生活状态下的不同男士角色

（三）工作环境的变迁

　　随着全球范围内的近现代工业化的快速发展，人们的工作环境发生了很大变化，繁重、肮脏和危险的体力劳动岗位逐步减少，传统意义上的第一产业和第二产业中的许多工作形式和内容被自动化机械取代，前几次工业革命时期动辄每周 90 个小时的劳动强度已经被目前大多数国家的每周40 个小时取代，劳动生产率极大提高，蓝领阶层的比例已经大大降低，第三产业的白领阶层数量大幅上升，写字楼、商务会谈等很多工作环境已经和平时生活环境没有什么区别，恒温恒湿空调、空气清洁器、自动咖啡机等大量现代化电器的使用，为工作场合的穿着更加清洁化、舒适化和生活化创造了条件，许多企业倡导的"星期五着装"等旨在改善工作压力的理念，这些变化无疑为男装带来了新的发展契机，也使得在男性服装中占很大比例的职业服发生了变化。大量具有高科技含量的新面料被不断开发出来，一些特殊工作环境的服装，如消防服、飞行服、医护服等因为科学技术的发展而出现了很大的变化。日常生活男装更是出现了诸如轻薄化、简洁化、个性化等发展趋势，逐步改变了以前男装统一、单一、刻板的形象（图 1-2）。

图 1-2　不同生活场景下的男士着装形象

（四） 追赶潮流的动力

在社会思潮多元化的影响下,男性的社会状况出现了两个方面的变化:一方面是有闲阶层、娱乐行业和自由职业者逐渐增多,使得男性越来越懂得生活的意义。另一方面是体力劳动的时间和强度大为降低,留给了男性更多的空余时间,使得男性的生活空间和生活内容大为丰富。这些客观条件都成为男性追赶潮流的动力。越来越多的男性把追求时尚作为生活中比较重要的一部分,开始愈发注重外表,对男士香水等物品的态度也大为改变,男性使用这些物品已经非常普遍。男性在追求时尚的过程中,接受了一些女性时尚元素,导致了男性"阴柔化"倾向的出现。比如部分男性的化妆频率与女性一致,蕾丝花边、绣花印花等女性化元素出现在男装设计中。这些社会风尚的变化无疑促使男装出现了相应的变化。

（五） 经济增长的推动

全球经济一体化的结果加速了世界各国经济的增长,世界经济实力的增强提升了全球范围内的消费水平。国家经济实力增长的结果之一是国民收入的提高,从而引发国民消费总额的增长,我国本土服装品牌也因此得到了长足进步,消费者已经不再满足简单的款式翻新,而是着眼于具有高品质保证的品牌产品的消费。男装的主要特征之一就是讲究产品的品质,这一特征非常符合品牌产品的要求。良好的经济形势是推动男装发展变化的主要原因之一。

（六） 生产技术的革新

生产技术是实现设计思维的物质保证,任何设计思维都需要获得生产技术的支持,设计思维也对生产技术提出了升级要求,能够促进生产技术的提高。现代科技对男装产业产生很大的影响。比如,服装计算机辅助设计(CAD)或计算机辅助制造(CAM)软件为男装设计与生产提高了工作效率,网络技术为男装的设计、营销和管理带来了很大方便。这些层出不穷的科技成果带来的技术创新以及信息带动的观念革命,促使男装产生了很大的变化和发展。

（七） 品牌文化的竞争

文化是人类特有的物质与精神财富。在法律、政治、宗教、经济、科学、卫生甚至军事等人类社会活动中,无不渗透着文化的印记,电影、戏剧、文学、美术作品等更是文化的直接载体。在当今以创建品牌为主旋律的高端市场竞争环境之下,男装的竞争已经提高到了品牌文化的高度,基于地域文化或品牌的内涵、渊源、架构、范围、功效、象征等展开竞争。一些有影响的男装品牌适时推出了自己的男装品牌文化,在男装的设计、生产、销售、服务、管理等方面,均围绕着品牌文化展开。

（八） 国际社会大同的趋势

全球经济一体化加速了国际社会大同的趋势,现代人体验到了全球化经济为生活带来的便利。随着各民族、各国家之间的交流日益方便和频繁,不同国家和民族的人们在思想观念、生活方式等方面有了更多的相互沟通,为尊重和了解对方的文化奠定了基础。正是在这种背景下,男装的发展出现了将多姿多彩的民族元素融入国际化潮流的趋势,通过现代表现手法诠释民族文化,演绎现代时尚,形成全球男装"标准"。无论是西方国家,还是东方国家,大部分人的衣着已经非常国际化了,即使是来源于西方服装体系的男士西服,也在经历了数次改进以后,与原始样式发生了很大改变,成为世界通行的服装样式,仅仅在图案、装饰等方面,仍能寻找到较为明显的民族元素。

二、 男装发展变化的基本规律

男装发展变化的基本规律如下。

（一）顺应环境的规律

顺应环境是男装发展变化的基本规律之一,其中包括顺应自然环境和社会环境。服装是人们在自然环境中用于蔽体、御寒、维持生存的一种不可缺少的物品,也是满足人们在社会环境中体现身份、表现审美等物理功能以外的外表符号。顺应自然环境是维持人体生存的基本条件,气候的冷暖、干湿,不同地区的地理环境状况等都对服装的设计和改进有着一定的要求。比如,近几年来全球变暖这一自然环境的变化就使得四季服装的差异越来越小,特别是冬装的设计出现了愈加轻薄化的倾向(图1-3)。相对于自然环境来说,社会环境对服装演变的影响作用就更为显著了。社会环境既包括政治、经济、文化、科技等方面的背景和影响,又蕴含着人们生活、学习、工作的方方面面。顺应社会环境,是人类社会生活不可缺少的重要条件,这一点对于被称为"人类第二层皮肤"的服装来说尤为重要。男装的设计与变化比女装更易受到社会环境的制约和影响。就拿衬衫和西装来说,19世纪之前的男士衬衫普遍有蕾丝花边等繁复装饰,之所以会变化为如今的简洁、稳重的经典造型,正是顺应了工业革命成功后男性工作环境的变化以及社会观念的转化等,这一系列社会环境的变迁促使男士衬衫和外套出现了顺应社会环境的变化,从而满足批量生产和职业工作的需求。

图1-3　不同时代环境的男士着装

（二）简繁转换的规律

由简到繁和由繁到简是男装在功能或外形上发生变化的主要规律。由简到繁规律主要体现为男装功能上的变化。比如，羽绒服的出现首先是为了满足防寒功能，随后，人们又会提出防水功能、抗菌功能、防污功能甚至远红外功能等。通常，男士很多时候穿衣比较简洁随性，总是希望一套服装能发挥多项作用，此类要求迫使男装企业设计开发多功能产品，服装材料生产企业或科研院所也开始研制多功能服装材料。由繁到简规律主要表现在男装款式的变化上。为了追求感官上的完美，新出现的男装往往在款式上显得比较复杂。在此后的实际使用中，人们会发现一些不实用或多余的部件应该被删除，于是服装开始逐步走向简化，这一类似情况在近现代男装发展史料中多有记载。从总体上来说，男装款式向着更简洁、更实用的方向变化（图1-4）。

图1-4 不断演进的男式大衣

（三）界限模糊的规律

在多种因素的影响下，服装原先的界限变得越来越模糊，包括性别、季节、功能、档次等界限的模糊。

尽管社会以不同的标准来衡量男女各自担当的社会角色，他们在行为方式上也有所区别，但是，这并不妨碍男女之间的相互欣赏。一种十分受人欢迎的女装样式或其中的某些元素也可能成为男装模仿的对象，造成了男装在性别界限上的模糊（图1-5）。服装流行样式的变化是文化流动的一部分，文化流动不仅仅是上层文化对下层文化的领导，下层文化同样也能影响上层文化。比如，从前体力工作者的工作服已经逐渐演变成现在在某些正式场合也能穿着的样式，喜爱猎装、工装夹克以及牛仔装等款式的人群范围也大大扩大，使服装的功能界限变得模糊不清，甚至在政府间召开的国际会议上，以前被西装一统天下的局面也出现了越来越多的民族服装和休闲服装的身影。近几年来，男装的审美取向和设计范围有了新的扩展。除了传统的简洁、实用、沉稳的男装设计观念，女性化、中性化、游戏化等各式各样的风格也越来越受欢迎，其设计主题的范围也越来越广。此外，男装的档次也出现了界限上的模糊。一家企业可以同时经营不同档次的品牌，甚至在一个男装品牌专卖店内，相同类别的产品会出现高低悬殊的价格带。这种经营策略的主要目的是为了满足那些收入不丰的消费者对知名品牌的向往。

图 1-5　随着社会审美取向的多元化发展,男女服装性别差异界限越趋模糊

(四) 释放个性的规律

　　释放个性是人们自我意识的唤起,也是对人性自由的肯定,已经成为当今社会的主旋律。作为反映穿着者价值取向的无声宣言,男装风格一反常态地出现了多样化特征。男装从自然、自发生成状态走向突出个性状态,体现了现代男装发展变化的新动向。对男装的材料、造型、色彩、工艺等方面进行增加、删减、变异等设计处理,或者对图案、装饰等附属内容进行调整,就能使产品形成一定的特色,满足释放个性的目标(图 1-6)。男装廓形是最能体现男装个性的元素之一。每一次男装廓形的变化都与当时的社会背景有紧密的联系。男装设计必须在掌握群体特征的基础上,研究不同职业、不同行为、不同主张和不同生活条件下的个体特征,才能设计出符合个性释放要求的男装产品。

图 1-6 个性化的街头装扮

（五）风格驱动的规律

在以产品风格体现品牌诉求的品牌运作趋势下，男装出现了风格驱动的规律。为了突出品牌的整体风格，产品设计的目标要求每一种服装单品必须保持一致的风格倾向，能够以叠加方式增强品牌的整体风格。与男装风格密切相关的要素之一是服装流行趋势。流行是一种动态的集体行为结果，当一种流行逐渐转变成为另一种流行的时候，服装的风格也随之发生改变。新的男装风格可以是对当前流行元素的提炼，也可以是在经验引导下单独提出的流行概念，当流行概念被推向市场，并且被消费者广为接受和喜欢以后，流行概念就演变成流行的事实，一种新的服装风格也就随之诞生。创造风格是男装品牌艰难而持久的目标。由于男装各个要素的变化范围远不如女装大，特别是外观变化范围更是狭小，不同品牌的产品风格容易产生雷同或混淆，因此，男装想要创造一种新的风格比较困难。在此情形之下，为了加强风格上的辨识度，男装企业通常把品牌文化结合在具体的产品中，比如为了突出博大宽广的品牌精神而将海洋文化或沙漠文化等要素体现在产品中，或者借助品牌标志或专用色的夸张使用等加大与对手产品的差异，方便消费者识别产品风格。

（六）尊重传统的规律

相对于女装来说，男装比较强调传统，十分重视传统的款式、传统的材料、传统的工艺，其创新活动也往往是沿着传统的轨迹进行有限的创新。在正规社交场合和商务活动中，男士们总是以千篇一律的西装革履形象示人，这种集体选择行为体现了传统在男装中的重要地位。因此，男装的发展变化尤其是服装外形制式的变化相对较小。尊重传统并不等于拒绝现代，而是从传统的精髓中摄取灵感，用现代时尚的方式进行演绎，从而迎合现代消费诉求。一些传统感觉的风格、细节、样式、图形、工艺等元素，经过符合现代审美趣味的处理，或者有意与现代元素结合，出现了盛极一时的"混搭风格"。有时，个别极富传统意味的细节元素经常成为现代男装中的卖点。通过对不同时代男装特点的研究和总结可以发现，近代男装的发展无法摆脱传统男装的影子，特别是一些已经成为经典样式的西服或衬衫等品类，自设计发明以来，无论时代和潮流怎样改变,均很少在廓形和款式上有较大的改动。当然,这种情况并不意味着男装发展的一成不变,通过对色彩、图案、细节等局部的变化进行设计和组合,男装往往以一种较为含蓄或较小幅度的方式发生变化并不断发展。

(七) 讲求体验的规律

服装是供人们穿着的日常生活用品,评判服装优劣的不二法则是必须以穿着者的亲身体验为准。讲求体验成为男装发展的规律之一,对服装的体验可以分为物质和精神两个方面。服装物质体验是指人们对服装各项物理性能所产生的生理感受,比如舒适性、保暖性、卫生性等。就某种具体的服装产品而言,人们对某个部分产生了某种美好体验,这个部分就会被保留下来,延续至下一个产品开发之中。相反,如果某个部分给人们带来了不良体验,那么这个部分就会被丢弃,人们将努力改变这个产品,使之更加完善,或者干脆提出一个全新的概念,取代先前的体验。服装以此为动力而发生着变化。服装精神体验是指人们对服装中的精神意义所产生的心理感受,人们要求服装能够让他们产生心理上的愉悦体验。服装精神体验的核心内容是由品牌的地位带来的象征性,面对两件在款式、色彩、品质、尺寸等方面完全一致的产品,由于品牌内涵的不同,穿着者会出现不同的心理感受。因此,知名品牌会成为人们模仿和追逐的对象,以体验为依据成为服装发展变化的规律之一。服装自从有了满足精神体验这一功能后,其变化的进程就大大加速了。服装不仅可以体现一个人的性别、年龄、职业,还可以表现穿着者的身份、地位和阶层。在大多数情况下,男装比女装更为讲求物质体验,男装中精神体验的成分比女装略有降低。

(八) 多元并存的规律

社会发展的结果使各种新的社会现象层出不穷,社会各个方面的构成与组合出现了多元并存趋向。新的行业岗位、新的消费形态、新的择偶观念、新的交流方式、新的居住方式等,令人目不暇接。对于男装来说,各地区的社会现状对其设计和变化有着潜移默化的影响。不同地区对服装的理解程度、需求程度、发展进程等要素相异,一旦这些因素发生了改变,也必将促使男装随之改变,其变化的幅度取决于新形式对旧观念的影响力有多大。因此,男装的多元并存导致了男装流行现象的多样性,是男装发展变化的基本规律之一(图1-7)。男装的多元并存表现为不同的品牌类别、产品种类和服务品质等组成要素的长期共存和相互融合。在产能过剩的前提下,男装市场上的各种品牌属地、产品风格、产品档次、经营方式、服务内容等并存,呈现出一片繁荣的多元格局。

图1-7 多元化的市场消费现状

（九） 功能第一的规律

服装的功能主要在于物质功能和精神功能两大方面。物质功能也叫实用功能,对穿着者来说,服装的功能大致上可以分为防护功能、储物功能、保健功能等。精神功能主要包括装饰功能、审美功能、象征功能等。由于男性的社会活动范围更为广泛,相对女装而言,男装更强调物质功能,比如一套夏季女装往往没有一个可以存放物品的口袋,男装则很少出现这样的情况。有鉴于此,男装的发展变化总是围绕着实用功能而展开的。当着装环境发生了变化,男装设计首先考虑的是应该做出满足实用功能的变化。提高男装实用功能主要有两个方面,一是以男性的人体运动为中心,男装设计必须符合人体运动的需求,必须考虑服装廓形与人体运动之间的放松量、材料与运动的关系等。比如,修长的男式大衣使着装者看起来高大挺拔,但是必须在背面下摆有开衩设计,不然就会行走不便。二是以服装的使用环境为依据,充分考虑服装与男性着装微环境的适配性。比如防雨西服大受专事外勤的商务男士的欢迎。

（十） 技术进步的规律

技术进步是社会发展的主要动因,任何领域的发展都离不开技术的支持。男装的主要特点之一是强调工艺,许多男装品牌都以自己的技术特征为卖点。男装的生产技术标准相对比女装要高,不同的生产设备和工艺流程可以使相同的男装产品产生不同的外观效果。以廓形为例,男装外轮廓的视觉感受和形象特征在很大程度上依赖服装成型技术的加工质量来保证,同时各种结构线(例如分割线、省道线和拼缝线等)的设计和制作技术对男式成衣的廓形也有极大的影响。服装款式造型的设计与面料密切相关,由于面料本身的属性不同,其表现特征如悬垂感、飘逸感、光泽感、厚重感等也会各异,这就直接影响到了外观廓形。因而,面料技术的发展也为男装的发展提供了重要依据。此外,虽然服装设计主要是思维活动的结果,但是,它同样需要表现技术的支持。如今的服装设计在表现形式和技术手段上已经完全非昔日可比,比如,对服装流行趋势的预测已经从以前的经验分析变成了由一系列更为科学的专用工具进行定性定量分析,得出的结果将更加符合客观实际,传播渠道也更加迅速而简便。技术进步加快了本来相对缓慢的男装发展变化的速度。

第二节　现代男装产业构成

一、男装产业的结构特征

随着新的科学技术引起的社会生活环境的变化和与之相适应的社会思想观念的变革,使得现代服装发展的进程大大提速。世界各地服饰文化相互碰撞与交融,服饰流行速度进一步加快,流行周期进一步缩短,流行式样也变得更加丰富多彩,世界服装的流行中心继巴黎之后,出现了米兰、伦敦、纽约和东京等多中心格局。就男装产业发展格局与结构而言,以商务服装为代表的现代男装产业,在第二次世界大战后基本上走过了三个发展阶段:复兴期、高潮期以及衰退期。

复兴期:主要体现在20世纪50~60年代之间。在此时期,随着战后的重建以及新兴产业的发展,欧美国家的居民消费水平在逐日递增,商务往来的频繁也促进了男士商务服装的发展。消费者逐渐厌倦了繁琐的社交礼仪,古板而昂贵的西装也随之改良,黑色不再是男装的主打色彩,男装颜色呈现了多样化的面貌,而男装样式以及穿着的阶层也突破了旧有的模式与观念,在保留传统社交礼仪服饰为主导的同时,日常便服逐渐成为男装流行样式之一。

高潮期:主要是在欧美经济急速发展的20世纪70~80年代。随着经济的发展,欧美国家在文化领域和消费领域中也成为了其他国家的风向标。在这个时期,欧美国家已经走出了商品匮乏期,消费高档化与品牌化逐步形成。现今大多数国际男装品牌即在这段时期快速发展,在完成了原始积累后开始步入国际市场。

衰退期:欧美消费者在家庭经济达到一定程度后,需求变得多样化。进入20世纪90年代,欧美的中产阶级逐步成为社会消费的主流阶层,更加注重生活质量,生活重心也逐步从工作转向家庭与健康。因此,在欧美市场中西装的消费日趋下降,从90年代中期开始,着装的个性化、时尚化浪潮泛起,传统古板的商务服装也受到了冲击,出现了衰退的趋势。

二、男装产业的运作特征

随着时代的发展,人们的着装理念与经济环境、贸易格局发生改变,男装产业在原有的品牌模式与经营方式外,出现了许多新的产业运作形式和相应的加工制造方式。

(一)恒久经典的定制模式

定制男装以其一对一的定制设计,高质量的精细工艺,高品质的专属服务,以及定制业务所推行的高端生活方式理念,一直以来在世界男装舞台上占据着不可取代的重要地位。"高级定制"这个概念最早是从西方开始,在西服的手工量身缝制领域,尤其是男装西服的定制,英国伦敦的萨维尔街(Savile Row)取得了世界公认的地位,成为人们心目中的"世界顶级西服手工缝制圣地",其西服纯手工缝制技术是一门最高端的裁剪工艺艺术,是代表贵族品位的服务与技术标准。自从1785年以来,这条街便吸引了众多崇尚定制西服的有品位人士,其中不乏世界级高端客户群,诸如英国和欧洲其他国家的皇家贵族和世界顶尖的经济和文化知名人士。早期比较著名的定制西服名店有:埃德和拉芬斯克洛夫(Ede & Ravenscroft, 1689年建店,伦敦最古老的裁缝店)、吉凡克斯(Gieves & Hawkes,1785 年建店)、安德森 & 榭帕德(Anderson & Sheppard,1873 年建店)、戴维森(Davies & Son,1803 年建店)、亨利·普尔(Henry Poole,1806 年建店)等十大名店,多数名店拥有来自皇家王室的高端客户,例如亨利·普尔就拥有威尔士王子、埃及国王、拿破仑、邱吉尔、戴高乐等各国政要,以及贝克汉姆等明星在内的超级顾客(图 1-8)。

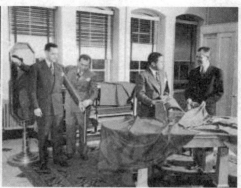

图 1-8　萨维尔街的高级定制店

　　在西方部分国家和地区,着装不仅具有实用的功能,而且还是一个人地位的象征,更是相互沟通的一种语言,定制西服就和"皇室""贵族""名流"画上了等号,变成每个体面绅士都必须拥有的行头。穿着萨维尔街的手工缝制西服已成为一种身份的象征,萨维尔街在当今男装发展的历史舞台上依然功勋卓著。

　　时至今日,定制男装已不再是萨维尔街的专利,随着男装消费市场对于定制业务的需求不断扩大,世界多个国家、地区的男装品牌也都陆续推出了品牌服装的定制业务。高级定制男装在欧、美等生活水平发达国家备受消费者青睐。伴随经济的发展与生活方式的变化,在亚洲的一些发展中国家和地区,高级定制男装一样拥有着较为广阔的市场空间。

（二）传承拓展的家族品牌

家族品牌包含有两种概念：一是指企业产品都使用统一的品牌名称，或是指一个品牌下拥有多个延伸品牌；二是指以家族式管理的企业品牌，品牌领导层的核心位置由同一家族成员担任，确切说是家族式品牌。经营管理运作体系一般是通过血缘或嫡系纽带维系，管理模式带有浓厚的人治色彩。许多家族化服装品牌自创立之日起就依靠裙带关系维护其自身的发展，在品牌的传承与发展中，不但保留了品牌中优质的男装产品，还将产品线延伸至相关时尚产品，使得品牌产品线不断拓宽，品牌利益链不断延展，通过良好的经营管理，使得强者恒强。多年来这些服装品牌经历了家族几代人的执掌，在保留传统的基础上，又不断注入新的设计理念与管理经营，变得愈发经典又不失时尚。

家族化经营的通常做法就是所有权与经营权相结合，这在创业时期对企业发展十分重要。然而，随着家族企业规模的不断扩大，这种做法明显制约了企业发展。在倡导以品牌影响市场、以特许经营方式开拓市场的今天，这种以家族嫡系担任管理者的企业模式有时候严重地阻碍了企业的发展，主要弊端表现为：管理制度僵化，无法吸引优秀人才为企业管理补充新鲜血液；嫡系成员所具有的先天性优越感，往往使其缺乏创新进取动力，一些企业管理制度也较难以严格执行等。因此，家族品牌需要正视这些弊端，强化管理制度，依靠制度来监督企业的设计、生产、销售等各个环节，维持品牌的健康发展。

（三）雷厉风行的兼并重组

服装品牌的兼并重组并不是单一的以男装产业为兼并对象的，而是包括兼有男装产品的时尚品牌通过兼并重组形成强大的品牌联合舰队，品牌之间进行优化组合，实现集团整体利益的最大化，并且不断提高集团整体利益，同时，通过合理优化，促进集团下属个体利益的同步增长，降低单体风险。

服装行业的兼并重组除了男装产品以及相关服饰外，更包括男装零售业的兼并重组，通过兼并增强集团在男装销售市场中的地位，不断扩大市场份额，不但占领了目标市场，而且抵御了日益激烈的竞争和外来男装品牌的入侵。

（四）层出迭起的营销模式

包括男装产品类别在内的服装企业要获取市场的成功，除了需要拥有良好的品牌口碑和优质品牌文化以及有市场竞争力的产品之外，有效的营销手段对于品牌的生存发展也起着至关重要的作用。男装品牌需要做好品牌建设和产品创意，制造具有优良品质的服饰产品，积极维护品牌在消费者心目中的美誉度，注重品牌与消费者之间亲和力培养，主动转换经营观念，改善品牌策略，寻求适合的品牌经营与营销模式，从而使自身立于不败之地。

（五）不断推进的产业转移

服装产业的发展总是会受到诸如政治、经济、战争、文艺、科技等因素的影响。尤其是在全球经济一体化不断纵深推进的今天，全球金融形势的动荡摇摆无疑会对服装产业的发展形成较大的影响。资料显示，21世纪初，美国已无规模型的西装生产企业，欧洲传统的男装生产也开始向低成本的亚太地区转移。而随着经济环境的变化，服装产业的转移结构也发生了较大的变化，产业转移的方向也因经济环境的转变有所选择。由于用工成本的上升，部分外资纺织服装企业选择关闭在中国的制造工厂或将制造工厂转移至用工成本更低的东南亚国家，美国、欧盟、日本等海外主要客户也纷纷将订单转向价格优势更为明显的东南亚国家和地区。

第三节　男装产业的发展

一、男装产业的发展现状

在世界各地的服装史料中，记载着各个朝代的男女服装款式，以及历代男女服饰在用色、图案、材料等方面常识和禁忌。由于产业形成基础和现有状况不同，导致各国及地区的男装产业发展现状也存在较大区别。总体上欧洲、北美、东亚日韩等经济发达地区的男装产业发展基础较好，而一些发展中国家由于经济基础薄弱，男装产业发展的还不够全面系统，尚处于发展期。

（一）男装产业布局

由于产业基础和发展环境不同，世界男装产业的发展存在着一定程度的不平衡性，众多国际知名顶级男装品牌均来自经济发达的欧美国家或地区。而纵观我国男装产业，部分知名男装品牌均来自江浙沪闽粤等沿海经济发达地区。不同地区的产业发展也因自身条件的不同而各具特点，例如意大利男装以面料创新、精工细作、款式新潮、品牌众多享誉全球，男装企业在面临激烈的国际竞争、内部结构调整等多种因素的推动下，不断改良工艺和技术，使整个产业向中高端方向转移。日本男装市场因其经济基础较为发达，国土面积狭小，中心城市人口众多且多为职业白领，其男装市场一个显著的特点就是西装的市场占有率非常高。这是因为在日本，西装被视为众多上班族的工作服，属于时装范畴之外，员工在上下班时都身着西装。在早晨拥挤的地铁里，几乎所有的男性都穿着整洁的西装，这或许已经成了一道独特的风景。因日本人口数量相对于我国来说较少，相对购买人群基数较小，因此日本男装产业在实际运作中非常注重产品研发和营销策划，除了一些高端品牌，大部分中低端品牌均将生产制作转移到经济欠发达、劳动力价格低廉的发展中国家，包括我国及越南等东南亚国家，以获得最多的利润和品牌价值。

（二）男装产业水平

在世界男装产业长期以来的发展中，经历了战争、经济危机、文化渗透等政治、经济、文化等多方面的影响，随着社会的发展和消费者着装文化的逐渐成熟，男装产业发展水平也相对于过往达到了更高的层次，男装产业的竞争方式也从过去的以数量、价格竞争方式为主，转向以技术、品牌和服务为主要竞争方式的格局。

在男装产业尚处于发展初期的阶段，产业中大多数品牌均缺乏成熟的经营理念和思维，为了积累原始资金，一味追求产量，产品技术含量低，产品附加值少，以数量取胜，产品单位利润率低。价格竞争是男装产业发展早期的竞争形式之一，企业运用价格手段，通过价格的提高、维持或降低，以及对竞争者定价或变价的灵活反应等，来与竞争者争夺市场份额。随着这些手段的应用，竞争对手也竞相效仿，最终致使整个男装产业经济效益低下。产品定价太低，往往造成产品或服务质量下降，以致企业逐渐失去市场，企业形象受损，社会效益丧失。在价格竞争中，资金力量雄厚的大企业能继续生存，而资金短缺、竞争能力脆弱的小企业则往往会失利。在现代市场经济条件下，非价格竞争已逐渐成为男装产业市场营销的主流。产业不断发展，科技化、信息化技术越来越多地应用于产业发展中，众多男装企业加速技术革新，加大科技投入和科学管理体系建设,并不断提升对知识产权的认识和自我保护意识,注重发展品牌,加强品牌文化建设,注重以产业的文化和品位来塑造消费者和品牌自身形象。

(三) 男装产业地位

纺织业是典型的劳动密集型产业,随着经济发展水平的提高,一个国家在纺织品生产方面的优势会逐渐减弱,后起国家往往更有竞争力,因此,纺织行业的困境和调整,是一个国家产业结构升级的标志和必经阶段。近代世界纺织产业中心有三次转移。第一次转移发生在18世纪第一次产业革命时期,世界纺织生产的中心从东方转移到以英国为首的西方国家;第二次转移发生在20世纪60年代,是从美国、日本和西欧各国转移到亚洲新兴工业国家和地区如韩国、中国香港、中国台湾地区等;第三次转移从20世纪80年代开始到现在仍在继续,是从韩国和中国香港、中国台湾地区向亚洲的其他发展中国家和地区如中国内地、印度、巴基斯坦和东南亚等地转移。

男装产业的发展趋势与纺织服装产业的结构调整有着密不可分的关联。随着男装产业生产中心从发达国家向发展中国家转移,消费中心的迅速成长,使得男装产业贸易迅速增长。各国男装产业由于经济基础和发展背景的不同,形成了不同类型的层次分类和发展模式,包括OBM型(Original Brand Manufacturing 原创品牌),生产销售自有品牌服装,如法国、意大利等国的男装品牌;ODM型(Original Design Manufacturing 自主设计),为客户提供款式设计,但没有自有品牌,用客户品牌销售,如韩国、中国香港、中国台湾等地的男装品牌;OEM型(Original Equipment Manufacturing 贴牌加工),用国产面料根据客供品牌和款式加工服装,这是我国目前服装出口最主要的模式;加工装配型(assembly),没有自行采购或生产面料的能力,用来料、来样加工服装,仅赚取加工费,此类男装企业大多是劳动密集型,集中在发展中国家(东亚、东南亚、南亚),以粗加工、中低档大路产品为主。

二、 男装产业的发展变化

从男装产业长期的发展历程来看,推动男装产业发展变化的主要因素包括社会经济的迅速发展、消费者可支配收入的持续上升、城市化进程的不断加快、消费者消费理念及模式的转变等。男装产业呈现波浪式前进和螺旋式上升的发展态势,产业内部分工协作更加完善,形成众多细分男装市场类型,产业发展逐渐系统化、规模化、标准化,产品更趋优质化、多样化、人性化,并顺应时代,注重科技化发展,男装产业的竞争从产品时代上升到品牌时代。从国内外男装的竞争态势来看,男装企业的竞争力体现在:品牌推广能力、供应链整合能力、门店拓展能力以及企业管理能力等几个方面。其中,品牌延伸和精细化终端运营是男装品牌实现持续提升盈利能力,提升市场地位的关键因素。

(一) 男装产业的细分化

随着男性消费者生活方式的变化,男装消费亦呈现多元化的态势,男装产业结构和产品类型、消费年龄段、消费市场、制造企业以及与产业相关的纺织业、箱包、鞋帽等服饰品加工业均有了更加专业的细分。各细分市场在产业链的协同下形成专业化产业集群和区域交叉合作发展,产业链中各个环节扮演着不同的角色,为男装产业的整体良性发展提供动力。

除了男装产业的专业化、细分化,男装具体产品类型和消费市场也存在着细分化的状况。例如从产品属性的角度来细分,可以划分为:商务正装类型、高级时装类型、周末休闲类型、新正装类型、职业装类型等。以成年男装消费年龄段来细分,可以划分为:18~30岁,31~45岁,46~65岁,66岁及以上四类。

另一方面,为了应对种种原因导致高端消费受创的状况,部分奢侈品品牌选择关店或降价;消费者购买服装周期变长,从月购买变成季度购买;消费者购买商品时更加理性。国内外不少男装企业选择了多品牌发展战略来扩大市场,将企业品牌和产品类型向着多系列化、多品牌化、多元化方向发展,以适应不同人群的消费需求,占领更多的细分市场。

(二)男装产业的系统化

服装产业的变化与进步离不开产业所处内部与外部环境的变化。从国际环境看,世界经济增长和全球化贸易格局为服装产业的发展提供了有利时机;而从各国国内看,多数国家的综合国力均有了进一步增强,对该国的服装产业提供了有力的支持和更高层次的市场需求。同时,科技进步、生产力水平提高也为服装产业发展提供了技术保障,随着经济一体化进程的加速发展,全球采购与代工模式的日渐成熟,加速了服装产业技术的转移,平衡了世界范围内服装产业技术水平的发展差距。伴随经济的发展,人们生活水平普遍有了较大的提高,追求质量好、品位高的服装消费已是男装消费领域的大势所趋,男装产业的纵深发展使得男装市场有了进一步发展并趋于成熟和系统化。

男装产业在经历了产品、品牌、资本和资源经营四个阶段之后,已经实现了由家庭作坊、工厂式管理向集团化管理、股份制管理的跨越式转变,形成了具有大规模生产能力和优质品牌运作能力的男装产业。在市场需求、政府调控、行业协会、科研院所、高等院校等因素的共同作用下,男装产业链不断完善、分工逐步明确,形成了从产品设计、原料采购、生产加工、仓储运输、订单处理、批发经营、零售等系统化的流程。除了男装企业自身拥有的研发部门外,产业中还形成了设计创意中心、技术研发中心、品牌推广中心等公共服务机构,在人才培训、产品研发、设计创意、信息咨询、品牌推介等方面提供优质高效服务,形成了一个较为成熟的系统,促使男装产业效益不断提高,为男装产业的蓬勃发展提供了保障。

(三)男装产业的规模化

由于男装行业内外部环境和消费者消费理念的日益成熟,加上市场内部越来越精细的细分,产业相关行业之间的相互依存度逐渐加大,产业链之间形成网状链接,促使男装产业更加趋于规模化,包括生产制造环节的规模化、仓储物流的规模化、销售网络的规模化、面辅料市场的规模化、品牌发展的规模化等。

(四)男装产业的标准化

对于服装企业来说,采用标准化的设计、生产、制造,意味着针对产品目标市场所进行的产品研发与加工制造,需遵循具体区域市场通行的相关服装类别执行标准,以确保服装产品的标准化,例如成衣的产品尺寸有统一的执行标准,通常需要依据目标市场的人群进行标准化号型系列的尺寸设定,一般采用一款多号型的方式来满足更多消费者的身型尺寸要求,常见的服装号型规格代号 XS、S、M、L、XL、XXL 等即采用标准化的号型体系设定的服装尺寸。

(五)男装产业的优质化

由于消费者需求的变化以及纺织服装行业不断推行的科技进步和产业升级,当今的男装市场正从卖"保暖、御寒"到卖"装饰",到最后卖"品位和文化",从无序竞争走向企业整合资源重塑品牌的竞争时代。一方面,男装市场经过前期的市场培育,消费者对于品牌的追逐正逐步回归于理性;另一方面,男装企业经过原始资本积累,正整合资源进入第二次重塑品牌的创业阶段,也就是从传统的批发零售到特许经营的营销模式转型。男装产业及其产品品质逐渐朝着优质和高端方向发展,包括男装产品的优质化设计,男装产业链的优质化建设和利用信息技术进行的优质化管理,男装品牌的高端化,男装产品的优质化生产,男装品牌的优质化售前、售中、售后服务等。

(六)男装产品的多样化

随着社会的发展和消费收入的增加,男装消费群体正在呈现多元化和多极化的发展趋势,而这种发展趋势往往又和消费者的生活方式有着千丝万缕的联系,不同生活方式的消费者对服装产品的需求存在较大的区别。生活方式比较简朴的消费者对服装产品的要求可能多数保持在满足基本功能。而偏爱奢侈生活的消费者对于服装产品的需求就不会停留在于满足基本功能,而是在满足高质量生活外追求精神上的满足,这时候男装的功能和意义亦发生了质的变化。

消费者的多层次和多样化需求导致男装产品的多样化,科技创新加快了男装产品多样化的发展态势,众多男装品牌竞相推出多系列、多品牌的个性产品以满足不断细分的消费市场需求,即使以单一品牌或单一品类立足市场的男装品牌,也是以多系列、多风格、多类型产品来满足市场竞争需求的。

(七)男装产业的人性化

随着消费者需求结构的变化,男装产业逐渐转变经营理念,产业格局转型与升级日程逐渐加快,以适应消费者在满足着装保暖、蔽羞、防护、礼仪等基本功能以后对着装有了更高精神追求的发展趋势。消费者希望通过特定服饰的穿戴服用来提升自己的品位与格调,增添荣誉感和自我满足感。因此男装产业变得越来越人性化,强调产业的人性化发展,包括以人为本的产品开发设计、以客为本的体验式营销,人性化的企业、品牌、产业管理模式等。在产品研发方面更加强调前期的市场需求调研分析,在产品设计中关注人性化诉求,包括调研分析消费者对面料的舒适性、功能性需求;进行大量实体测量,收集消费者体型尺寸数据,在行业标准的框架下,细分产品号型、系列、尺码,以满足不同体型尺寸消费者的需求;部分品牌在产品研发过程中还会聘请若干名大众消费者参与部分产品开发结构制定和样衣审核等工作环节。在产品销售中大力推行以客为本的销售理念,关注消费者的消费体验与感受,打造便捷、舒适、私密、人性化的购物空间。此外,在产业经营管理中,注重企业文化的积淀,发展低碳经济,采用绿色技术,实行节能减排。

(八)男装产业的科技化

随着信息技术的不断发展,男装产业逐渐朝着科技化的进程迈进,服装企业大量导入数字化管理系统,利用信息技术大力改善传统设计、生产、经营和管理、运作等。诸多服装企业加大科技投入和科学管理体系建设,建立人体数据库,推行精益生产(LP)和敏捷制造(AM),推广应用信息管理系统(MIP)、生产集散控制系统(DCS)、计算机辅助设计(CAD)、计算机辅助制造(CAM)、企业资源计划系统(ERP)、客户关系管理系统(CRM)、产品数据管理系统(PDM)等,大大提高了男装设计生产管理工作效率。近年来电子标签(RFID,又称无线射频识别技术)在男装行业的生产、配送、零售等各个环节得到了广泛应用。企业利用该技术将服装名称、等级、货号、型号、面料、里料、洗涤方式、执行标准、商品编号、检验员编号等信息写入电子标签,并将电子标签附加在对应的服装上。通过RFID读写器,企业能及时掌握服装生产、物流、零售中的信息,便于适时管理与及时反馈。

本章小结

　　对现代男装产业的结构特征、运作特征及发展现状的了解,有助于设计师掌握男装产业的发展环境与未来趋势。无论是进驻我国市场的国际品牌,还是本土男装品牌都需要充分了解和研判我国男装产业与市场空间发展现状与未来趋势,这是品牌的自身发展与产品寻求发展空间的前提。作为设计师,则需要掌握产业的发展动向和消费需求变化,完善自身知识结构,设计出符合市场动态需求变化的适销对路产品。本章从产业宏观发展的角度,对现代男装与产业发展进行了分析阐述,是对于现代男装的一个初步了解。无论是对于品牌经营者还是男装设计师来说,对于产业现状的了解与发展研判都是非常重要的,关乎男装品牌的经营方向与设计方向,对于消费者来说则是需要关注由于生活方式变化而引起的消费变化,以及自身如何适应和追随潮流变化等相关信息。

思考与练习

　　1. 现代男装产业的特征及发展趋势?

第二章

男装消费特征与
设计师职业要求

　　随着人们生活水平的整体提高和社会观念的不断更新发展,男士对于着装呈现出个性化、多样化的消费需求,男装品牌也通过进一步细分消费市场来寻找更加适合自身发展和更高盈利空间的商机,男装企业市场差异化竞争进一步加剧,男装产业创新能力进一步提高。消费市场的需求变化,对于男装设计师的职业技能、职业素质也提出了更高的要求。

第一节　男装终端消费市场

终端市场是销售渠道的末端,是产品与消费者亲密接触的端口,品牌通过终端输出产品与服务、传播企业文化,消费者通过终端接触产品、了解品牌。终端市场连接着消费者与品牌以及各级代理商、批发商、经销商。良好的终端消费市场可以在提升产品品牌形象和品牌附加值的同时,形成良好的购买氛围,提高顾客的购买欲望。

一、　男装终端消费市场的基本构架

在经历了产品竞争、形象竞争之后,越来越多的男装品牌意识到终端的重要意义,终端消费市场正在成为男装品牌竞争的另一个重要构成因素。终端消费市场无论是对于大品牌男装还是发展中的中、小品牌男装来说都非常重要,终端消费市场发展状况直接影响到品牌的盈利水平和美誉度,关系到品牌的经济效益和社会效益。

男装终端消费市场存在着多种不同形式,包括百货大楼专柜、街区繁华路段专卖店、大型连锁超级市场服装分区、小商品市场批发分区、专业服装批发市场、服饰城专柜(摊)、品牌折扣店等。近年来,随着消费者生活方式的转变,男装终端消费市场结构也产生了相应的变化,一些新的终端市场陆续出现,如男装生活馆、一站式自助选购旗舰店以及网上商城、邮购、代购等消费方式。这些不同形式的男装终端消费市场的形成与市场所处社会环境、经济环境、地理位置,以及消费者的消费层次、消费理念、经济收入、穿衣文化、社会流行等因素有着密切的关系。

即使在同一个地区,各类消费人群的生活方式也存在着多样化的特征,消费者的社会地位、文化水平、经济收入、消费习惯、审美观念、个性特征、职业特征、购买习惯等不同,穿衣理念也不尽相同,从而形成不同消费层次。各消费层次中具有相同消费理念、消费审美、消费价值观的消费者形成相同的集群,相同集群的消费者在购买男装产品时,在产品材质、价位、功能、穿戴方式、色彩等方面存在相似的消费取向,便构成了一类消费市场,不同消费取向的消费者集群构成了多种不同类型的消费市场。

二、　不同男装消费市场的基本特征

在男装消费领域,因消费者的不同消费层次、消费目的、消费心理、消费动机、消费能力、消费环境、消费条件等方面的制约,形成了不同的男装消费市场。各消费市场在消费环境、服务水平、产品质量、价格档次、货品结构等方面均存在着差异,除了这些显性差异,不同消费终端在消费者消费过程中还会带来不同的心理体验,包括优越感、满足感、成就感、自卑感等。

各级男装消费市场构成了男装消费终端的基本架构,在男装消费中有着不同的表现特征,所服务的消费对象也不同。消费终端可以划分为有形店铺和无形店铺两种形式,一般来说,有形店铺中的大型商场专柜、专卖店的消费对象多为高收入和中高收入人群为主,而品牌折扣店、批发市场、超级市场服装专区的消费对象多以中档和低价位消费人群为主。无形店铺以网店为主,多以中档和低价位消费人群为主,而国外代购消费模式则多是高收入和中高收入消费者所能接受和采取的一种男装消费方式。

男装品牌在选择消费市场时,除了要考虑与自身品牌和目标市场的档次相符、消费者定位、消费者购买能力等因素外,还需要细致分析研判所选定的目标市场和销售渠道与本品牌的形象定位和发展方向是否能够和谐一致,能否对良好品牌形象、品牌格调的累积有所增益。

三、 男装消费市场与男性消费群

(一) 生活平台分析

男装消费者生活平台分析可以理解为对男装消费者所处的生活环境、生活层面的分析界定。男装消费者由于各自的生活背景、家庭背景、职业背景、个人修为、个人情趣、教育程度、社交范围等不同,形成了不同的生活平台。拥有相似经历、背景、习性、审美水平、消费习惯的同一类人群容易形成相似的行动半径与区域以及与生活平台相适应的消费需求,因经济收入、消费价值、生活方式等方面存在的差异形成不同的消费需求。男装设计师需要在把握本品牌产品风格属性、了解市场消费结构与动向的基础上,经过大量翔实的调研,分析目标消费群体所属的生活平台层面或位置,量化相关数据,包括各种消费指数、平台半径、平台层面,以及相邻近平台的同化、渗透趋势和能力,分析目标消费群体所处平台的生活状态、精神面貌、职业特征和相对应的服装消费需求,从而把握消费市场的需求特征与规律,为产品研发提供有价值的资讯。

表2-1是以生活质量、社会地位、经济收入、教育程度、职业背景、个人修为、个人情趣、社交范围等指标作为依据进行分类的生活平台分层表,各平台类型的命名并不表示所处平台的消费者在身份、人格、精神、修为等方面存有高低之分。要指出的是各生活平台的消费群体并不是恒久不变的,随着个人生活环境、生活指标、价值观念、经济收入等指标的转变,有可能会进入其他平台,此表格仅供参考,重要的是设计师在实际运用中发现相关规律,并将其应用于产品研发的信息预判之中。

表 2-1　男装消费者生活平台分层表

平台名称	平台类型	平台备注
A层平台	高	拥有较好的教育背景和经济收入,生活水平较高,对穿衣有着较高的档次需求,平时较多生活场合需要穿戴高端品牌服装产品
B层平台	中高	属于中高收入者,相关指标仅次于A层生活平台的消费者,对待着装的要求较为讲究,一般多选用名牌男装产品
C层平台	中	属于中等收入者,职业收入不高,生活场景单一,一般较少出入高档生活场所,对于着装的要求不高,以中等价位服装消费为主
D层平台	低	此类消费者一般收入较少,甚至不稳定,对于着装的档次没有什么要求,以低价位服装为主

(二) 生活空间分析

随着经济与时代的发展,男性更多地融入社会,生活空间已大大扩展。对于上班族男性白领来说,生活空间不再是单一的工作场所与家庭环境;对于在校读书的学生来说,其生活空间也不再是单一的教室与寝室。在进行男装产品开发时,设计师需要针对消费人群进行生活空间分析,分析消费者主流生活以及主流生活以外的生活空间与生活方式,并总结规律,力求发现消费者新的生活方式发展趋向,为产品设计提供参考,因为生活空间及生活方式是服装消费的依附空间和形式。分析消费者不同生活空间构成有利于设计师在男装产品开发中根据消费者需求对产品结构做出及时而准确的调整。

（三）衣生活样式分析

衣如其人,对于一位注重自身形象的品位男士来说,衣装就是他的一张鲜活"名片"。男士用各种风格、形态、结构及搭配组合方式展示个人形象,表现自身对于生活的理解。用精致、经典的时尚语言表现男性的冷峻、睿智、高雅、随和、坦荡、恢弘的内在气质,创造一种举止得当、充满自信、有涵养而又不失浪漫的经典男性气质。无论是商务谈判中的成熟稳重,休闲时光中的情趣盎然,还是正式场合的端庄儒雅,都能通过恰到好处的服饰组合体现出来。生活中男性通过衣生活细节体现出自身的服饰文化素养,借助服装表达出自然率真、纯粹真诚的自我。对于不同衣生活样式的分析,了解不同层面的消费需求,是做好设计开发的前提。

第二节　新兴消费模式与男装产品设计

一、 新兴消费模式带来的市场机遇

随着市场环境的变化,特别是宏观经济的快速增长,人们的可支配收入不断提高,购买力也随之增高,人们消费观念发生转变,新兴消费形态不断涌现,带来了新的市场机遇。

（一） 网购模式与男装消费渠道变化

现今"宅"生活中,在线购物已被消费者普遍接受,尤其受到年轻消费者的青睐,小到图书、服装、电影票,大到家具、建材、电器,甚至旅游、保险、教育培训等无所不包。其因便宜、快捷、足不出户、可货比三家等优势,受到大批年轻消费者的认可,拥有庞大的消费人群。

（二） 定制生活与男装消费结构变化

我国服装业自改革开放以来经过几十年的发展,已经从卖方市场转向了买方市场,人们的社会生活、社会观念都发生了翻天覆地的变化,生存空间、生存状况逐渐多元化。随着消费方式、消费观念的逐渐分化,消费者对于服装产品的需要与要求也出现了分化。在经济富足的条件下,消费者更加强调服装的附加功能,不再满足于大批量生产的产品,希望服装能够满足自己的个性化需求,而定制服装则是满足此类消费者穿衣需求的最好方式。自20世纪90年代开始,男装产业逐渐出现了一批从事高级定制服装的品牌,一些服装企业也增设了定制业务,多位知名服装设计师投身于高级定制服装的设计中,推出了自己的高级定制品牌。

二、 消费特征对于产品设计的要求

对于成衣服装品牌来说,其产品设计的风格定位、价格定位、结构功能、产品构成、色彩规划、面辅料性能均需要满足消费者穿衣需求,特别是对于目标消费人群的穿衣消费特征的研究更是产品设计定位的前置环节,具有重要的先导作用。在产品设计时男装设计师需要进行大量的调研,挖掘相关数据,对本品牌目标市场人群的消费特征进行分析研判,在后期产品设计中针对目标人群进行有目的的产品研发设计,这样才能够让产品在激烈的市场竞争中更加容易被消费者所接受,在市场销售中占得先机。比如,通过对于某类男装品牌成交价格的类比分析,可以总结出消费者的购买能力以及穿衣消费习惯等信息,那么在产品开发时在产品用料、结构与工艺设计、包装设计等方面都会有所考虑,如果没有经过详尽分析而盲目投产,材料品质过高或者过低而导致的定价偏差太大,势必会影响后期的销售业绩。

三、 消费市场分析与男装产品开发设计

按照惯例,在男装产品开发设计前需要做一系列的前期准备工作,包括人员准备、产品结构制定、信息收集分析、面辅料等材料收集等。其中信息收集分析包括对流行信息的收集整理、对消费市场的信息收集整理、对竞争品牌的信息收集整理等。男装消费市场分析包括对消费市场宏观社会环境、经济环境的分析以及消费者结构、比例的分析,目标消费者购买行为和购买决策分析,目标消费者购买模式和影响因素,男装营销方式的发展状况分析,目标消费者购买频率和购买习惯分析,目标消费者的职业特征和穿衣风格喜好分析,竞争品牌的发展状况和动向比较等。通过市场分析,可以更好地认识男装市场的商品供应和需求的比例关系,采取正确的经营战略,安排好合理的商品地区分配,满足不同市场的需要比例,并研究本品牌商品的潜在销售量,开拓潜在市场,提高企业经营活动的经济效益和社会效益。

第三节　男装设计师职业要求

在多数情况下,设计师存在的前提是消费的存在,即为了消费而设计。因此,男装设计师在进行产品设计前,需要研判消费市场的需求状况,才能有的放矢。任何职业对相关从业人员都有一定的要求,有的行业甚至制定相关规章制度,用职业操守、职业行为指引等来规范从业人员行为。服装行业对于服装设计师的职业要求是具有良好的职业素养、严格的职业操守,爱岗敬业、诚实守信,具有良好的专业技能和敬业精神,树立为企业、行业服务的思想。男装设计师亦是如此,除了要服务企业、创造价值以外,良好的职业素养和职业操守更是不可或缺的职业要求。

一、 男装设计师的职业素养

职业素养是指职业内在的规范和要求,是在工作过程中表现出来的综合品质,包含职业道德、职业技能、职业行为、职业作风和职业意识等方面。有时候还可以理解为从业人员的职业综合素养,更趋向于职业综合技能和专业、敬业精神等方面。在服装设计行业可以理解为服装设计师具备专业技能知识,并具有良好的团队合作精神,爱岗敬业,具有明确的工作目标和职业规划,勇于承担责任,具有强烈的责任感和竞争意识。

(一) 特殊的专业素质

服装设计师应具备系统全面的服装设计基础理论知识和实践技能技巧,精通服装设计、裁剪、制作等方面的专业知识,了解服装材料学、服装人体工学、服装卫生学、艺术设计等相关学科,并不断更新自身的知识体系。服装可以折射出时代特征和社会文化、经济、科技、思想意识的发展水平,服装承载着时代的变迁。男装设计师在提高自身的专业素质的同时,还应该注重提升自身的艺术修为,不断加强自身的学习能力。常言道它山之石可以攻玉,设计师需要跨越地理、时空的界限,打破地域、民族、文化的界限,从文史资料、文学、绘画、雕塑、建筑、音乐、舞蹈、戏剧、电影、曲艺等艺术形式中汲取养分,寻求艺术灵感,不断涉猎多种领域的艺术知识,不断提升审美眼光和艺术认知能力,以形成独特的专业技术优势和思维方式。

(二) 细腻的审美眼光

作为男装设计师,培养和提高审美能力是非常重要的,审美能力强的人,能迅速地发现美、捕捉住蕴藏在深处的美,并从感性认识上升为理性认识,只有这样才能去创造美和设计美。设计师光有一时感觉的灵性而缺少系统的后天艺术素养培植,往往难以形成非凡的才情底蕴。需要不断地加强艺术修养,提高艺术鉴赏力和审美水平,持续探究,培养自己细腻而独特的审美眼光,才能在设计工作中保持良好的状态和具有前瞻性的设计思维。

(三) 开放的创新思维

对男装设计师来说,拥有开放的创新思维,有利于在产品设计中不断提高观察、分析和解决问题的能力。设计师依赖平时积累的专业知识,在产品设计中不断地探索前人没有采用过的思维方法、思考角度,在反复论证的前提下,寻求分析问题、解决问题的新方法。在新产品企划中,设计师合理运用创新思维,无疑会赋予品牌与产品全新的、独创的理念,为产品设计打开一扇全新的大门,而这种内在的创新思维能力是其他品牌难以模仿的,必将会大大增添本品牌产品的亮点和卖点。

(四) 时尚的生活态度

时尚的生活态度不光指男装设计师出入于各种时尚场合,注意自身形象与装扮搭配,更重要的是,要让自己的内心充满强烈的时尚感,要让自己的思想更具现代意识,对各种时尚生活方式、流行信息咨讯十分敏锐,去发现、去思考,确保设计作品能够紧跟时代步伐,引领时尚生活。

二、 男装设计师的职业能力

职业能力是人们从事其职业的多种能力的综合。一名成熟且成功的男装设计师需要具备的职业能力包括市场及信息的感悟能力和分析判断能力、产品设计创新能力及实际操作能力、服装材料的了解和运用能力、服装设计内外结构的空间造型想象力及表现力、设计过程和结果的把控能力及整合能力等。

(一) 市场观察能力

男装设计师要真正走向市场,并拥有被市场认同的全新设计理念,需要对服装及其所属市场具有敏锐的观察力和分析判断能力。多数服装品牌在招聘时要求男装设计师能够独当一面,主持一个品牌的产品设计。这不仅需要设计师拥有服装艺术方面的创意与高超技艺,还需要设计师用理性的思维去分析市场,了解男装产业的整体布局,了解本品牌目标市场的基本特征、竞争状况、消费人群的总体特征,了解市场中现有同类品牌的产品特征和同质化竞争的状况,发掘本品牌的产品设计、品牌经营、销售通路等方面的优势和亮点,找准定位,有计划地操作、有目的地推广品牌。

(二) 创新思维能力

独创性和想象力是服装设计师的翅膀,没有丰富的想象力很难设计出具有独特风貌与结构的服装产品。纵观中西方服装设计史,那些备受瞩目的服装设计师们均以其独特的创造力和想象力在设计上尽显才华。当然,由于男装消费市场的导向需求不同,对男装设计的创新思维能力的要求有所不同,具体视品牌理念和产品面对的消费者而定。部分休闲男装品牌、创意男装品牌要求产品设计创意度高,产品形式、结构奇特,大多数男装品牌则需要产品设计的创意度能够在贴近市场的前提下有所收敛。总之,一切创新思维以市场需求为导向。

(三) 专业技术知识

男装设计师既要有专业设计基础,包括设计绘画功底、工艺缝制技能(图2-1)、服饰搭配组合能力、服装材料知识,还要有一定的市场销售知识,及时了解产品的销售状况与通路建设。另外,还应该具有一定的沟通协调与表达能力,从产品企划到材料组织,再到设

图 2-1　裁剪与制作不仅是工艺师的职责范围,作为专业设计师也同样需要具有精湛的裁剪缝制技艺

计、制作、销售过程中会涉及企划部、板房、样衣间、销售部等相关部门的工作人员,良好的沟通能力、表达能力有助于设计师顺畅地与同事交流,有利于项目的执行。专业技术知识中还有一点较为重要的是男装设计师应该非常了解不同年龄段男士体型结构的差异,包括人体各部位尺寸、结构比例、肌肉关节运动曲张特性等。男装设计师只有对人体比例结构有准确、全面的认识,才能更好地、立体地表达人体之美,这既是男装设计专业技术知识的基础知识也是关键知识。

(四) 空间表现能力

服装设计可以理解为对人体进行立体包装。不论是在技术上采用立体裁剪的方法,还是采用平面裁剪的方法,或者是两种方法的相互结合、相互转化,其最终形成的服装都需要穿着于立体的人体。即便服装款式、廓形和结构呈现平面化的特征,但是只要穿着于人体上,服装就会具有立体空间的属性和特征。因此男装设计师需要具有很好的空间设计表现能力,包括服装造型设计和服装内外层之间组合搭配的空间想象能力。在男装设计中,设计师的空间造型表现能力可以通过图文形式和材料实物的表现形式体现出来。

图文形式包括设计草图和相应的补充说明文字、服装效果图、平面款式图、局部示意图。服装效果图是设计师表达服装设计构思及体现穿着效果的模拟图,着重体现服装的款式、色彩、材料、图案的着装效果以及服装与人体的比例和空间关系等,主要用于设计思想的艺术表现和展示宣传。平面款式图及相应说明文字是为了方便协作交流,让结构制版、裁剪制作等后道工序能够明确设计师的设计意图。设计师有时需随效果图另附款式图以表达款式造型及各部位加工缝制要求等。款式图一般为单线稿,要求比例造型表达准确,工艺要求标注齐全。局部示意图是设计师为了充分解释服装效果图、平面款式图所表达的服装款式效果结构组成、加工时的缝合形态、缝迹类型以及成型后的着装状态、穿着方法等所绘制的一种解释说明图,以便于设计、裁剪、制作以及与顾客之间的沟通和衔接。示意图主要分为展示图和分解图两类,展示图是服装部位的展开示意图,用来解释服装的内部形态、缝制方法等;分解图用来表达服装内外部的结构关系、搭配组合方式、扣系方法、穿戴方法等。

材料实物的表现形式是指设计师运用服装面辅料或者与之性能相仿的廉价材料替代面辅料进行人体或者人台的直接造型方法。这种形式能够更加直观地体现设计师的设计理念和三维造型效果,设计师能够根据实际空间效果实时、直观地调整需要改动的结构部分。在实际操作中,需要合理使用材料,以免造成较大的浪费。在工业化生产中,在从立体模拟效果还原到平面纸样状态的过程中,需要将尺寸和造型的误差控制到最小化。

(五) 实际操作能力

在校学习服装设计时经常会遇到这样的问题,为数不少的同学自己不会打版,参加大赛的服装只能请裁缝打版。学生绘制的是效果图,从效果图转变为平面或者立体结构还需要做很多工作,在学生和裁缝的沟通过程中很容易出现信息偏差和走样的情况,最终做出来的服装完全走了型,没有达到预想的效果。由此可见,作为服装设计师实际操作能力的基础部分——裁剪、制作决定了服装的造型和整体效果。

男装设计师在从事产品设计过程中,除了需要创新思维能力和各种专业技能知识以外,还需要具备良好的实际操作能力,不可只会纸上谈兵,而毫无动手能力,这一点无论是对产品设计还是设计师自身的发展来说都是无益的。实际操作能力包括服装专业 CAD、CAM 软件及产品

图2-2　躬身亲为亦是优秀男装设计师所必须具备的专业素养

相关缝纫制作设备的操作能力等。在不同性质的服装公司设计师所承担的工作内容不尽相同,有的设计师侧重整体企划,有的设计师负责文案,有的设计师负责具体款式设计,有的设计师则负责后期的整合搭配。虽然大家各司其职,但是这些只是分工不同而已,品牌产品设计师必须具备全面的综合能力,才能在岗位需要调整时迅速顺利接手工作任务,不会因衔接上的偏差导致设计结果出现偏向。因此,侧重整体企划的设计师需要具备实际动手操作能力,侧重款式设计和整合搭配的设计师需要具备产品企划能力,这样才能发挥团队作业的最大合力(图2-2)。

（六）结果把控能力

服装产品从企划到设计、裁剪、制作再到上市销售需要历经数月时间。这个过程较为长久,起初企划的产品设计风格、面辅料供应、产品结构配比、产品上货波段等会因为市场的短期转变、供货商不能适时跟进、气象气候的突变、市场价格波动、公司财务状况、竞争品牌产品结构调整等因素受到影响,这时候就需要设计师调整产品设计结构,把控产品设计过程中的阶段结果和最终结果。相对而言,对于阶段结果的把控更为重要。只有在产品设计过程中早发现早杜绝不良定义及产品,防患于未然,才能降低不良产品设计带来的联动损失。如果在产品设计完成后才去回望过程检验结果,损失已经造成,难以挽回。

设计师因所处设计公司性质及设计部门的规模不同,存在分工不同的情况。设计师需要有明确的产品架构思路、合理的设计流程节点安排、良好的设计思维和方法,更需要具有全局把控能力,对男装设计流程进行较好的管理,才能把控设计结果。

（七）整合设计能力

男装设计师的整合能力主要包括设计资源的整合能力、设计人才的整合能力、设计产品的整合能力。

设计资源包括物质资源和信息资源。物质资源是指必要的工作空间、家具与设备等。物质资源整合能力表现为设计师能够在资金不充裕的情况下通过设计尽量改善工作环境,创造良好的工作空间,比如设计师参与工作空间的分割、利用、装饰设计。信息资源整合能力是指设计师收集市场信息、社会信息、时尚信息、客户信息、技术信息等信息资源,并对这些信息资源进行有效整合运用的能力。信息资源是设计师进行产品企划与具体设计不可或缺的重要生产力,要成为一名优秀的男装设计师不仅要掌握信息资源的收集途径和整理方法,还应该具有利用这些有效信息进行市场走向预测,指导新一季产品设计的能力。

拥有多门类男装产品的品牌公司会依据产品类型将设计人员进行分组,成立针织组、西服组、夹克组、衬衫组、饰品组等。设计人才的整合能力是指设计主管有能力来整合各个小组的设计才能,充分发掘每个设计师最擅长的男装门类,合理安排工作任务,做到人尽其才,才尽其用。

　　男装设计师最重要的整合能力是对产品设计的整合能力。设计师应具备对品牌所有产品的整合能力,能够适时发现全盘货品设计中存在的缺陷,并能够在经过系统分析后,采取适合的方法解决问题。从最初的目标市场定位、品牌定位,到后期的产品企划和设计制作、行销推广都需要整合能力,以确保品牌拓展和产品研发立于不败之地。

(八) 沟通能力

　　作为一个男装设计师,要想顺利地、出色地完成服装产品设计开发任务,使自己设计的服装产生良好的经济效益和社会效益,离不开方方面面相关人员的紧密配合和合作。例如:设计方案的制定和完善,需要与公司决策或企划部门进行商榷;男装市场消费需求信息的获得,需要与消费者以及客户进行交流;销售信息的及时获得,离不开营销人员的帮助;各种服装材料的来源提供,离不开采购部门的合作;生产制作工艺的改良,离不开技术人员的配合;产品的缝制离不开工人师傅的辛勤劳动;产品的质量离不开质检部门的把关;产品的包装和宣传离不开平面设计师的协作;市场促销活动离不开公关人员的付出。因此,设计师必须树立起团队合作意识,要学会与人沟通、交流和合作。在产品设计项目从开始到结束的整个过程中,需要与多方面人员沟通,对相关因素作大量分析,充分做到理性与感性的交流。设计师在平时的工作过程中应注意锻炼和培养沟通能力,并努力使之成为一种工作习惯,这对完成产品设计工作会十分有益(图2-3)。

图2-3　团队协作与沟通

三、男装企业与设计师

　　我国男装企业因业务属性和规模不同而存在着很多发展形式,男装企业与设计师的相互依存关系也因企业的性质不同而有着细微的差别。以下将从企业属性与设计师、品牌属性与设计师、产品属性与设计师三个方面分析不同性质的男装企业对产品设计和设计师岗位的不同需求。

（一）企业属性与设计师

男装企业根据产权主体的构成、所有制形式、产品类型及生产规模可划分为多种类型，同类型的服装企业，其经营管理模式及特点也不尽相同。按照企业所有制分类可以分为公有制企业、私营企业、三资企业、集团企业等；按照企业形态分类可以分为公司制服装企业、设计工作室、服装营销公司等；按照生产原料分类可以分为梭织服装企业、针织服装企业、毛皮服装企业等；按照经营方式分类可以分为自产自销型、品牌代理型、销售贸易型、生产加工型、特许经营型等；按照企业规模分类可以分为大型服装企业、中型服装企业、小型服装企业。因企业属性不同，设计师所处环境地位也不同，对于设计师的岗位需求也不同。

大型服装企业通常集产、供、销于一体，具有雄厚的资本实力、强大的市场开发能力与品牌经营能力，对于设计师的专业素质自然要求非常严格，需要设计师具有较长的知名服装公司就职经历，并实际参与过具体项目的研发操作，拥有良好的品牌运作经验，能够独当一面，可以胜任某个品牌的全部运作流程和管理工作。具体工作职责包括负责部门内部管理；组建产品设计团队；拟定人才梯队培养计划；分配新品设计、开发任务，协调人员关系；制定产品设计策略和计划。根据企业和品牌的整体发展战略，确定年度产品发展目标、策略和市场计划；组织市场调研，分析服装设计潮流和流行趋势；与市场部门、销售部门和客户进行沟通，准确掌握客户需求。还包括外部联系相关事宜，如参与组织年度订货会，设计展会风格；负责与供应商、加工商进行谈判，签订面辅料订货合同和委托加工合同；协调部门的内外关系，以及确认相关招聘岗位要求等。

中小型服装企业的经营模式往往是生产加工型，其优势通常表现在具有较高的生产加工水平，用于生产的成本投入一般比较精打细算，反映在设计人才的薪金投入和产出方面，企业所有者通常希望能够在薪金投入很小的情况下，设计师可以为企业带来较大的经济利益，甚至是品牌社会效益。对设计师的岗位要求则更加具体，也更加宏观，事无巨细，都需要设计师全程参与，这一点对于设计师来说既是机遇，亦是挑战。要想做好，既需要设计师拥有扎实的专业功底和市场运作能力，也需要设计师的全心投入和敬业精神。

（二）品牌属性与设计师

男装品牌按照不同的标准可以划分为多种类型。如按照产品风格分类，可以分为休闲风格品牌、运动风格品牌、前卫风格品牌、乡村风格品牌、民族风格品牌、时尚风格品牌、经典风格品牌、中性风格品牌、商务风格品牌等；以消费者年龄分类，可分为青少年男装品牌、青年男装品牌、中年男装品牌、老年男装品牌；以产品价格档次分类，主要分为高端男装品牌、中档男装品牌、低端男装品牌三种类型，如果再加以细分，高端品牌中还可以独立出奢侈品牌；以销售方式分类，可以分为线上、线下，以及线上线下两者结合的形式，具体包括各种线上网络直销，线下专柜、店中店、自有品牌专业零售店，以及各种区域加盟、代理、批发等形式。

不同的品牌属性对男装设计师的岗位职责要求不同。男装设计师必须明确所服务的男装品牌属性，了解品牌的理念、目标人群、价位水平、区域市场、销售方式、服务水平等，才能进行有目的的、有针对性的产品设计。每个设计师过往的工作经历以及个人的兴趣爱好、研究特长并不相同，也不可能熟悉所有风格类型、所有品牌属性的男装品牌。不同品牌属性的男装品牌在产品开发流程、周期、运作方式等方面存在着一定的相似之处,但是在具体操作的时候还是会存在着许多不同之处的。因此,男装品牌公司在挑选设计师的时候必须根据自身的品牌属性选择相适应的设计师,这样才能做到唯才是用。

(三) 产品属性与设计师

与企业属性、品牌属性一样,男装产品按照产品属性进行分类可以划分为多种类型。如按照销售方式和渠道分类,可以分为内销产品、外销产品;按照产品类别或功能分类,可分为礼服、日常服、职业服、运动服、舞台服等。还可以按照服装原料分为针织、梭织、皮装、羽绒等,还可以分为丝绸服装、呢料服装等,按照着装部位或者形态分类可分为内衣、外套、牛仔服、裤装等。不同产品类型在设计研发中的要求各不相同,需要设计师具有相关工作经验才可驾轻就熟。

内销男装品牌公司与外销男装品牌公司因产品销售对象的生活方式、价值观念、消费水准、体格特征,对于服装材料、服装色彩方面的喜好特征不同以及产品研发流程、工作方式等方面的不同,对设计师的岗位要求也不同。内销产品的设计师岗位要求一般包括了解国内某类型及某区域男装市场的消费需求,有一定的市场判断及行业趋势分析能力,能够确立新产品设计理念,提出产品创意,参与产品策划,负责公司各品牌的定位、形象、风格的制定,组织各季产品的研发,并参与组织生产,参与市场调研和制定产品开发计划。设计总监需要精通所服务品牌全部产品类别的服装设计,设计师则需要精通某一类服装单品的设计工作,了解服装面辅料属性和制作工艺,具有优秀的时尚潮流捕捉能力,具有良好的沟通、判断、社交能力,具有一定的分析能力、计划能力、应变能力等。

外销男装品牌通常包含有两层含义:一是指将本国或本地区生产的男装产品销往国外市场,企业拥有自主知识产权,设计师具有自主研发权;二是指企业为境外品牌贴牌代加工(OEM),产品不以企业或公司的名义进行销售,企业或者品牌不具备完全的研发权。设计师通常需要在所代工品牌的产品规划框架指导下,对产品品类、款式、面辅料、颜色进行具体设计,根据具体设计方案绘制图稿,指导、参与服装样品的制作,收集各种有价值的信息和资料,除了需要具备良好的专业基础素质外,还需要具备良好的外语听、说、读、写能力。

不同产品属性对设计师的岗位要求也是不一样的,如毛衫设计师需要了解毛衫市场的竞争状况、消费水平、流行趋势、最新材料和工艺等,皮装设计师要熟悉皮革服装市场、消费方式、流行资讯、皮革材料特征以及常用和最新工艺手法等。

本章小结

终端市场是男装品牌产品销售渠道的末端,是产品与消费者亲密接触的端口,品牌通过终端输出产品,消费者通过终端接触产品、了解品牌,终端市场连接着消费者与品牌以及各级代理商、批发商、经销商。男装设计师需要了解男装消费市场的基本架构与消费特征,还需要不断研究市场,了解新的生活方式、新的消费模式下消费者对于产品消费的变化需求。依据消费者的需求特征所开发的男装产品能够在市场销售中占得先机。设计师需要不断提高专业素养和职业能力才能更好地为企业服务，并能够在协同企业发展中得到自我价值的实现与提高。

思考与练习

1. 讨论研究男性消费者生活方式的变化，以及新兴消费模式下男装消费需求变化特征。
2. 通过产品设计案例说明不同的产品功能是如何满足相应的消费需求特征的。

第三章

男装设计元素与设计方法

　　服装造型设计从某种意义上说是一种从平面到立体的造型设计过程，属于立体构成范畴，服装造型设计的过程也是运用形式美的法则有机地结合点、线、面、体构成服装的设计过程。因此，从空间视觉来看，我们常常把服装设计理解为软雕塑作品的创作过程。男装设计也同样如此，设计师凭借所学专业知识和市场经验，采用与所服务品牌相适应的设计流程，按照一定的设计方法，有机结合点、线、面、体等设计元素创作出所需要的男装作品。

第一节　男装设计的基本元素

　　从构成男装设计作品的基本元素角度来说，点、线、面、体四者既是四个独立的个体，又是一个相互关联的有机整体。在造型角度来看，点、线、面、体是从三维空间的角度来理解的，它们不仅有大小、面积、宽度和厚度，而且还有形状、色彩、质地等区别。无论是三维空间形式的立体形态，还是二维空间形式的平面形态，这四个设计基本元素之间的排列组合方式的不同，就能塑造出不同形式的服装设计作品来。对男装设计元素进行处理也就是要对构成男装的点、线、面、体这四大元素进行变化，因此设计师在设计时首先必须很好地掌握这些元素，了解这四大基本元素在服装中的定义、不同表现特征和运用方式，了解它们的表现形式和个性特征，做到准确、灵活地运用这些造型基本语言来创造出优秀的服装设计作品。

一、点

　　点，是零次元的非物质存在，一般用来表示位置。在几何学的定义中，点是小的基本形态，没有长度、厚度和宽度，不占任何面积。在设计学中，点不仅有位置，而且有大小和形状，是具有空间位置的视觉单位，在空间中起着标明位置的作用。点是力的中心，当视觉空间中只有一个点时，人们的视线就集中在这个点上，它成为视觉中心。因此，点在画面的空间中，具有张力作用。同样一个点，相对于大的空间称作点，而相对于小空间则失去点的特征，成为面或形了。所以，在设计中作为造型要素的点，其大小不允许超越当作视觉单位的"点"的限度，否则就会失去点的性质，成了"形"和"面"。例如夜空中肉眼所见的星星大多本是具有较大质量的恒星，由于距离与空间的关系，它们看上去只是闪烁的"点"，因而在生活中我们常用星星点点来描述多而分散、少许或细碎的事物。作为点的概念，其形状并无限制，圆形、方形、三角形、星形……只要它们在其所处的空间环境中相对较小，都有点的视觉效果。可以说，点的基本特征主要是在形的大小关系上，而不在于形状（图3-1）。

图3-1　著名日本前卫艺术家、波点女王草间弥生（Yayoi Kusama）及其作品

在造型艺术中，单独的一个点不仅确定了位置，而且集中了视线，产生了很强的视觉效应；两个点可以表示出方向，并且当两个点之间的相对位置不同、相对方向不同时，均会产生不同的视觉感受；由多点形成的造型则能够产生更加多样的视觉效果，当多个点排列形成远近和大小的变化时，就会给人以方向性和节奏感。当多个点在某一空间按照整齐统一的形式排列时则会给人一种视觉的连贯性，形成线条的感觉。而当均匀排列的多个点形成一定形式的重复规律变化时，则会产生流动的韵律感。当大小不同的点自由无序放置在某个空间内，则会给人以分散、杂乱的感觉，但是这些无秩序的点如果能够给予一定的组织，则会显得活泼、灵动。

二、线

在几何学中，线是指一个点任意移动时留下的轨迹，点的移动轨迹构成线。线具有长度、粗细、位置、方向等特征，没有宽度和深度。而在设计学中，线具有宽度、面积和厚度，并具有形状、色彩和质感之分。线是造型设计的基本要素之一，也是构成形式美的不可或缺的一部分。线的不同数量、形态、形式的组合可以组成不同的造型，可以产生丰富的变化和视错觉，可以通过有韵律的排列形成一定的节奏感，也可以通过有规律的排列产生秩序感。

在设计中，线的使用数量也会影响造型效果。线的数量少会显得稀疏，视觉效果相对较弱，此时的线虽然在造型整体中不作为设计主体，但是在作品的整体中却起到不可或缺的作用，与造型设计相关的色彩、材质、工艺手法等元素一起塑造出设计作品的整体形象，是表达作品形象和风格的重要元素之一。线的数量多会显得密集，有分量感，视觉效果相对较强，线在造型整体中占据了明显的主体位置，而其他元素，如色彩、材质、工艺手法等则转变为相对的辅助角色，与线元素一起表达出造型作品的整体形象和风格。

同时，在造型设计中不同形式和状态的线条还具有一定的情感联想和表现语言。如水平线具有平静安定的感觉，曲线具有柔和圆润的感觉，斜线具有方向和动感，垂直线给人肃穆庄重之感。而从情感联想的角度来说，直线具有耸立挺拔的感觉，并有简洁直率的性格，是男性的象征；曲线有动感，具有优雅、柔和、轻盈的性格，是女性的象征，在男装设计中常用于休闲风格服装或中性化男装等的设计中。线还分为实线、虚线这两种类型。实线是点的移动轨迹不间断的表现形式，相对于虚线具有真实、坚硬、明确的感觉，利于刻画某种事物，形成较为真实、坚定的视觉形象，而从另一个角度来讲，实线也有呆板、缺乏动感的感觉。虚线则是由点串联而成的线，具有虚无、柔软、不明确的感觉，常用于表现造型的风格，在刻画具体事物的时候往往不具有坚定性，但是在造型设计中却有灵动、轻松的性格（图3-2）。

图3-2　线的不同表现方式以及在男装面料中的应用

三、面

点的扩大形成面,线的移动轨迹也形成面。在几何学意义上,面可以无限延伸,是具有长宽两度空间并占据一定位置的形态。而在设计学中,面可以有厚度、色彩和质感,在造型空间里,面是比点大、比线宽的形体。从形状上来看,面的造型还分为平面和曲面两个主要类型。平面主要包括正方形面、三角形面和圆形面。正方形面是基础平面中最为客观的形态,研究表明,正方形在视觉上具有上轻下重的感觉,因此通常在应用中如果需要保持视觉上的上下平分状态,需要将平面中的点或者线条稍稍抬高一点才可以在视觉上形成上下平分的视觉感受。三角形与正方形相比则更具有方向性、均衡性,其底边和高度的关系表现水平和垂直的力的关系,三角形造型底边拉长高度降低时给人一种安定、平稳的感觉,底边缩短高度增加时则有尖锐、修长的感觉。三角形与正方形所具有硬朗线条和块面感常用于男装设计造型中。圆形则相对更具有静止、安定的感觉,在造型设计时常用于休闲装和童装,而一些休闲风格或者具有某种主题概念的男装中也会较多应用。曲面是通过线的运动构成的面,直线运动构成单曲面,如圆锥形面、圆筒形面等;曲线运动构成复曲面,如球面、蛋形体的表面等。

面既有"实"的面,也有"虚"的面。所谓"实"面可以理解为由构成面的材质来构成和表现的面,在造型设计中可以较写实地表现出造型物体。而"虚"面的表现形式则灵活很多,既有由多个点组成的虚面,也有由多个线组成的虚面,在表现造型时候虽然不如"实"面那样坚实、有型、确定,但是相对来说却是多了几分灵动、变化。在造型设计中,从量级来说,面的重复应用与造型元素点和线相比,会更容易产生强烈的视觉冲击力和分量感。面元素在造型设计中的表现力相对更加强烈,但是并不能因此忽视点与线在造型设计中加大量级所产生的视觉功能。面的多种形态在男装设计中起到了塑造并丰富形体的作用,为造型设计增加了多种设计元素以及变化基础(图3-3)。

图3-3　面的不同表现方式以及在男装面料中的应用

四、体

点、线、面是构成立体形态的基本元素。体具有长度、宽度和深度,是三度空间的概念,它占据一定的空间,也是完成许多造型设计形态的最终结果。由于点、线、面是构成体的基本要素,造型设计中的体可以是由面的重叠或是点、线的排列集合而构成的,如面的卷曲或合拢形成柱状体,而点与线的排列集合也会形成体,体可以呈现为球体、立方体、圆柱体、圆锥体或者其他按照某种设计意图而创造的多面体、任意体。

在构成体的形态时,因构成方式和表现形式不同致使所形成的体有着虚实之分,比如点与线构成的内部空间形成的体,如果点、线的数量较少,仅仅塑造出一个体的形状,此时的体只有几条边缘线,这样的体就是所谓的虚体;相对而言,用面塑造形成的体在造型艺术里面是一种相对的实体。体有虚实之分,同样也有着厚实或轻巧、平静或活跃等不同的感觉,并且随着观察者观察视角的转换产生丰富的立体形态变化,从各个角度观察,都会有不同的特征,所以造型艺术设计中设计师需要具有很强的立体观念和空间思维能力,通过点、线、面的巧妙设置,组合出最佳的立体效果(图3-4)。

图3-4 立体化形态的不同表现与强调空间感的面料肌理设计

第二节 基本元素在男装设计中的表现形式

一、点在男装设计中的应用

点作为服装造型设计中的最小元素,是构成服装形态的基本元素之一。在男装中,能找到很多的点元素,如纽扣、腰带襻、铆钉、领结、胸花,或者面料图案中的点,以及着装者所佩戴的耳钉、耳环、戒指等。设计时由于设计师的运用方式不同,这些所谓的"点"也会因为排列方式不同,或者是因所处部位、大小、颜色、材料、肌理等的不同而表现出不同的视觉效果和艺术氛围。点在男装中的表现形式大体可归为辅料、图案、装饰物这几种主要类型。

(1)作为点元素的纽扣在男装设计中的应用:纽扣作为男装设计中主要的辅料,有着较多的应用形式。有的纽扣强调扣系、开合服装的实用功能,如部分裤装的腰头一粒纽扣,具有非常实用的扣系功能,常常会隐没于腰带背后,在服装设计中作用相对单一、实用。此类作用的纽扣设计应用所要考虑的因素就比较少,主要是大小、材质、风格等需要与服装风格及面料相匹配。

而在一些假门襟男装款式设计中,附着在其上的纽扣则主要强调其装饰效果。这种装饰性的纽扣,在设计时应根据其所附着的主料颜色、材料类别、肌理、面积、款式设计风格的不同,配置相应风格的、符合设计要求的纽扣,才能够非常正确地表达出此款服装的设计精髓。另外,作为装饰性的服装纽扣在设计应用中,设计师除了要把握以上有关风格的原则外,还需要从视觉审美、视觉重心的角度来把握纽扣在服装造型设计中位置变化所带来的视觉影响,不同大小的纽扣放置在不同身高穿着者、不同长短、不同宽窄服装的不同部位所带来的视觉影响,特别是视觉重心的影响显而易见是不同的。这一点在男装西服款式中非常具有代表性,比如有的消费者适合穿三粒或四粒扣西装,有的消费者适合穿二粒或一粒扣西装,除了受到着装礼仪、款式风格或流行因素的影响外,着装者的体型和身高比例也有很大的关系。

纽扣在男装设计中还有一种兼具实用与装饰功能的应用方式。此类纽扣通常具有实用的扣系、开合服装门襟或者领口的作用,例如男装衬衫、西装等款式的门襟纽扣。或者是固定某些服装部位、塑造某种造型、表现某种穿戴方式的纽扣,例如在男装衬衫纽扣的应用中,除了门襟、袖口处的扣系、开合门襟的纽扣外,有的长袖衬衫在袖子上有一粒纽扣,用于挽起长袖的时候固定袖子,这种设计方式在休闲衬衫中较为常见。另外,一些衬衫在领角处会有小纽扣,用来固定领角,在普通衬衫中这样的领角扣一般会与袖扣一样采用与大身同样材质、风格的纽扣。而在一些高档定制衬衫设计中,袖扣会采用珍贵材质制作,比如钻石、珍珠、手工磨制贝扣镶嵌贵重金属等,这样的纽扣兼具实用与装饰作用。

(2)作为点元素的面料图案在男装设计中的应用:在男装设计中常见的作为点元素出现的图案包括大小不等的五角星、圆点、方块、菱形、数字、字母、抽象图案等,当然,其他各类图案也可以以点的形式出现。这些点状图案底纹的服装面料,在视觉上会因为点的大小、疏密、韵律、色彩、位置以及排列方式的不同,产生不同的视觉效果(图3-5)。在许多男装品牌产品设计中,常常通过印染、刺绣、镭射、压印等工艺将品牌 logo 融入到服装面料中,使其作为点元素成为装饰的一种主要手法。

图 3-5　波点元素在男装设计中不同的应用效果

（3）作为点元素的装饰品在男装设计中的应用：在男装设计中，除了通常造型的圆点状纽扣，一些异形纽扣、相对较小的腰带扣、领带夹、耳钉、戒指、胸针、腕表、包扣、鞋襻等相对于服装整体而言较小的单位元素都可以称为点元素，均可以作为男装设计的基础应用元素。饰品作为点元素出现在男装上，其突出的作用在于可以防止服装过于单调，并且能够呼应和烘托服装整体风格，能够体现服装的形式美。饰品的位置、色彩、材质不同，给人的印象和着装效果也不同。配饰还可以表现着装者的个性，作为点要素的饰品有风格之分，并带有不同的情感倾向。

二、线在男装设计中的应用

线在男装设计中应用非常广泛，是男装造型中必不可少的设计元素之一。服装的外部轮廓线、造型线，内部的结构线、分割线，以及各个组成服装的零部件均以线的形式来呈现。线在服装上的主要形式包括：衣片之间的分割线、裁剪的省道线、缝制的缝纫明线迹或不露线迹的拼合线，以及一些加工工艺形成的边缘线和内部线条，衣摆或者袖口等部位的密拷线迹、包边线等，服装内部缝制工艺形成的抽褶线、明暗褶裥线、嵌条线等。

在设计中运用各种不同风格的线条，可以产生不同的风格样式。如直线条的设计运用，会显得服装整体感觉强劲有力、大方、整齐、挺拔。直线可以分为水平线、垂直线和斜线。水平线具有广阔、稳定和平静等特性。水平线往往会给人以秩序感、流动感，常常被运用于男装夹克下摆育克的平行间色针织罗纹，以及衣袖、衣身的平行条纹等。在许多男装设计作品中常用水平线来强调男性的阳刚之美，比如在表现男性宽阔的肩部和背部特征时，常用水平线来表达造型，增强横向延展的视觉感受,给人以健壮、魁梧的感觉。垂直线是与水平线垂直的线,表现出向上、修长、威严、挺拔的感觉,设计中常将垂直线运用于裤装设计中,在视觉上更加增强下肢修长的感觉。斜线有一种不稳定、跳跃的感觉,通常会运用在童装、运动装和创意性较强的服装设计中,以表现其活泼、动感和多变的特性。

与直线相比,曲线在造型艺术作品中呈现出起伏、飘逸、柔软和流动等感觉。曲线有几何曲线和自由曲线。几何曲线主要用在运动装或者休闲装设计中。通常会产生一定的造型感或视错觉,使得设计作品产生别样的风格,在服装设计时常常运用几何线条来塑造服装的外部造型线,在内部结构设计时常常将服装的裁剪结构线融合于几何线条的分割中,使得服装的分割设计既能够表现出一定的风格倾向也能够很好地展现人体结构之美。自由线的设计则会增加服装的自由、灵动之美,经常会运用于运动装的分割色块拼接中(图3-6)。

图3-6 线在男装设计中不同的应用方式

三、 面在男装设计中的应用

面元素在男装造型设计中是最强烈和最具量感的一个要素,在服装中具体表现为三维空间中的各种曲面、平面等形式,以重复、渐变、扭曲、层叠、排列的形式表现,使得服装的立体形体具有虚实量感和空间层次感。

由于人体外部形体特征由不同的曲面构成,服装作为包裹在人体外部的衣物,可以看作是围绕着人体的包装,服装的造型也是由不同的曲面构成的。然而,无论怎样复杂的曲面服装,都可以分解为很多平面,尤其是从裁剪的角度来说,无论是立体裁剪还是平面裁剪方式塑造的服装造型,构成服装的衣片结构都可以还原为平面的形式,再通过收省的方式来形成凹凸造型变化。因此可以说,服装这一立体造型是由多种曲面构成的,而每个曲面又是由不同形状的平面材料组成的。

在设计应用时,面在男装中主要通过衣片的块面分割设计、零部件设计、服饰品等形式表现。衣片的块面设计是服装设计中表现面元素的主要方式,在设计和制作服装时这些衣服的裁片可以拼接缝合形成服装,也可以层叠、堆积形成某一服装造型。而这两种面的存在状况可以说是基本涵盖了服装造型中面元素的主要方式。服装的零部件,如口袋、领子等通过一定的造型设计、色彩搭配、材质肌理以及比例的变化形成不同的视觉效果,是男装整体设计中表达服装造型和服装功能、服装风格的主要设计点,设计中通过这些局部造型既表达了服装的面造型特征也丰富了服装整体的设计语言。服装设计中用于表达面造型的常用元素还包括一些块面造型的服饰品,如一些包袋的块面设计就是男装设计及整体造型设计中用于表达块面的常用造型元素(图3-7)。

图3-7　面在男装设计中不同的表现形式

四、体在男装设计中的应用

　　作为包裹人体外表的服装产品,具有正面、背面、侧面三个主要不同视角表达面,有着非常明确的体感造型,而体也是服装塑造款式、版型、结构、风格等方面的重要设计点和设计语言。男装设计的过程是围绕男性人体的艺术造型创作过程,人体本身即是三维中的体,是由点、线、面构成的,而且人体有着更为丰富的内涵,有着不同的部位形态和运动机能。设计师在设计男装时需要具有较好的空间思维能力,树立完整的立体形态概念,所设计的服装不但要有立体的空间造型结构,同时还需要在研究人体的基础上,具有较好的运动机能,符合人体工学与人体卫生学等。设计师不能为了一味地追求某种造型,而忽略了服装本身作为人体包装所应该具有的服用功能和运动机能。我们经常会看见许多作品在不同的历史时期、不同文化与潮流的影响下,以表达某种艺术形式或艺术风格为设计出发点而进行的艺术创作,例如建筑风服装设计作品,此类服装作品非常注重作品廓形感的表达,通过某种造型手法表现出强烈的雕塑感、建筑感。日本著名时装设计师三宅一生(Issey Miyake)就是以擅长在设计中创造出具有强烈雕塑感的服装造型而闻名于世界时装界的代表人物,他对体在服装中的巧妙应用,形成了个人独特的设计风格(图3-8)。

图3-8　强调体积感的男装设计作品

第三节 造型元素之间的相互关系

一、概念的相对性

点、线、面、体的概念是相对而言的,虽然从概念上理解,面是线的运动轨迹,线是点的运动轨迹,而体是面的排列堆积。但是这些概念可以说是一种相对的概念,是一种较为模糊的概念。我们知道,当一个小的点处于一个较小的空间内,且与周边的空间对比达到一定的大小范围时,可以将这个点理解为一个面或者体。同样的道理,当一个面或者一个体在一个更加大的面或体的环境中,就会变得相对渺小,这时候就可以将它看作是一个点。而细长的体也可以看作是线,短的线可以看作是点。

在男装设计中,所谓的点、线、面、体的概念也是相对的,比如设计具有朋克风格感的休闲男装夹克时经常用铆钉或者气眼等材料装饰皮革服装来强化朋克风格,随着服装辅料的工艺手法和造型设计的多样化,装饰铆钉和气眼也从传统的圆形发展到五角形,方形,三角形以及其他异形。当这些点元素被规律地按照线状排列或者串联的时候,点元素就衍变为线的造型了。而当这些线造型大面积排列时候,就会形成面的效果,比如在休闲男装后背的育克设计上装饰大面积的铆钉所呈现的效果,形成了由点到线、由线到面的变化过程。而当这些局部附件立体堆积装饰时,又会达到立体的造型效果(图 3-9)。

图 3-9 点、线、面的相对性

二、形式的可变性

在男装设计中,点、线、面、体的设计元素可谓形式多变、材质多样、色彩斑斓,并且点、线、面、体之间的不同组合形式也会产生更多的变化,使得男装设计语言变得更加丰富。

男装设计元素概念的相对性,也决定了点、线、面、体设计元素在形式上具有可变性。当多个点在一个平面上排列就会形成面,当多个点在空间排列中达到一定的宽度和厚度时,便有了三维的立体概念,点的集合形成了体。多点排列成行或成排时,在视觉上就有了线的效果,线的排列形成面。线、面像点一样在空间排列中达到一定的厚度和宽度,就形成了体。就单个点来说,点的形式也是可变的,并不是常规概念上理解中规中矩的、形状规则的点,各种异形的、相对较小的事物,在一定的空间范围内都可以作为点元素运用在男装设计中(图3-10)。

图3-10 点、线、面的转换

第四节 男装设计方法

对于上文中男装设计基本元素的相关定义、不同表现特征以及运用方法有了基本了解后，在具体应用这些元素进行男装款式设计时，设计师不但需要遵循一定的审美法则，还需要按照所设计男装产品的品类、风格、定位等相关因素来组织这些设计元素，使其呈现某种产品风格特征。此外，还要运用一定的设计方法，方便、系统地组织和运用这些设计元素进行创作设计，比如加减法、解构法、衍变法、联想法、模仿法、问题法、借鉴法、反向法等设计方法。

一、 加减法

在男装产品设计时，设计师根据品牌产品的设计需要，将 A 元素和 B 元素有机地进行加减，从而构成新的造型或者新的功能、新的结构等。此类服装产品设计理论来源为产品设计的模块化理念，加则多，减则少。设计创意元素的加法设计是从简单到复杂的过程，而减法设计是从复杂到抽象的过程。加减法的设计原则为：1+1>2，1-1>2。设计师通过对不同创意元素的不同形式和功能进行有机整合后再叠加组合产生新的功能和结构，例如将 A 元素的 a 形式+B 元素的 b 功能，形成全新的具有 A 形式感、B 功能的产品，或者将 A 元素的 a 形式进行一个单元素或者一个主题的延展设计，扩充出不同的产品形式系列。同样，设计师在做减法设计时，通过对现有设计元素的不断自我否定，将产品其他属性删除，减去过多的修饰，尤其是那些过度附加功能，使产品回归到本质的功能，从而强化产品本源的、重要的属性，保持产品基本元素、表现形式和设计格调的统一协调。

例如，在设计新中式风格男装产品时，考虑到时代的审美特征和国际化流行趋势的共同因素，大多数品牌公司均不会将当代的中式男装再设计成过于保守的款式，总是会为其赋予新的设计理念和创意元素，将具有民族风格的图案元素运用于较为西式的男装款式设计中，使两者有机结合，产生新的款式，这是加减法设计最为常用的设计手法之一（图 3-11）。

图 3-11 中国风原创品牌意树男装作品

二、解构法

解构法从字面上理解,"解"字意有"解开、分解、拆卸",而"构"字则为"结构、构成"之意,解构一词合在一起的意思可以理解为"解开之后再构成"。而设计界广为流行的解构主义则是源于 20 世纪 60 年代由法国哲学家和理论批评家雅克·德里达(Jacques Derrida)提出的理论,其矛头指向此前对西方影响很大的结构主义哲学,是对于结构主义哲学所认定的事物诸要素之间构成关系的稳定性、有序性、确定性的统一整体进行的破坏和分解。解构主义用怀疑的眼光扫视一切、否定一切,对西方许多根本的传统观念提出了截然相反的意见,认为一切固有的确定性、既定界限、概念、范畴等都应该被颠覆、推翻。时装界的解构浪潮在 20 世纪 90 年代初兴起,一批身处其中的设计师以时装为载体,在打破常规的同时又建构了一种全新的服装符号语言。1992 年起时装杂志就宣布"迪奥公司正在'解构'礼服""卡尔·拉格菲尔德在解构裘皮时装"。当时的迪奥打破了小礼服设计常用的缎面和固有的领型与结构,采用了非常规的设计理念进行重组设计;而拉格菲尔德把裘皮时装的皮块之间的粗糙拼缝全部暴露出来,破坏了裘皮时装给人的完美无瑕的印象,对裘皮时装进行了另类的解构设计。国外具有代表性的解构主义服装设计大师还有很多:包括将传统的缝纫法和成衣技术进行重新界定的比利时设计师梅森·马丁·马吉拉(Maison Martin Margiela);著名的解构实验者,被业界称为英国时装奇才、先锋艺术的接班人侯塞因·卡拉扬 (Hussein Chalayan);2006 年美国服装设计师协会时尚大奖(CFDA)最佳男装设计师获奖得主汤姆·布朗 (Thom Browne)等。而我国著名服装设计师张肇达的时装作品也不同程度地运用过解构的设计手法(图 3-12)。

图 3-12 Thom Browne 2012 春夏男装发布

　　设计师在男装产品设计时还可以参考和沿用女装设计中对于解构主义设计理念的成功应用经验,将服装设计元素进行打破常规的解构整合,再应用于服装造型和面料搭配组合、结构设计、款式设计以及功能设计等方面,通过将原有设计元素进行夸张、错位、并置、分离、拼接、颠倒等手法进行重新构成,形成全新的产品设计。

三、衍变法

　　衍变法是指通过进化而发展。"衍变"与"演变"都有从某一事物变化到另一事物的意思,但前者常指可预见的、有其必然原因的变化,而后者则并不常在预料中,变化并不唯一,且带有戏剧性效果。将衍变的概念引入男装设计中是指设计师通过能动的设计思维将原有的设计元素进行变化发展,以某一个或者若干组在设计应用中已经非常成熟的设计元素为基准,扩展出一系列相关的设计元素群体。和演变相比,这种设计元素的扩展变化是在可预见、可控制范围内的,设计师在应用这些设计元素时也有着明确的目的性。从品牌服装产品设计的系统性角度来看,虽然多数男装品牌有着自身明确的品牌发展之路和相应的产品设计理念,在产品设计中有着包括造型、色彩、面料、图案、部件、装饰、辅料、结构、工艺、搭配等元素在内的固定的组合设计规律,其服装产品呈现本品牌固有的产品风格特征,由于在消费者心目中形成较为稳定、成熟的品牌形象,但是在长期的市场环境发展变化和市场竞争中,随着消费者审美理念的逐渐变化,如果男装品牌一味地固守本品牌设计理念而不作发展衍变,终将会在不断发展变化的市场环境中变得难以从容适应。因此,在设计开发时,应根据市场消费环境的变化发展、流行趋势导向、消费审美变化需求、着装功能需求变化等各方面因素,在保持本品牌产品固有风格的同时,将原有设计元素、设计组合方式、产品风貌等做衍变设计,衍生拓展其产品功能、风格、风貌等,以产生与原品牌产品既有关联又有提升的不同设计产品来满足更多的不同需求(图3-13)。

图3-13　某男装设计风格与设计元素的衍变应用

四、联想法

联想一词的意思包含:因一事物而想起与之有关事物的思想活动;由于某人或某种事物而想起其他相关的人或事物;由某一概念而引起其他相关的概念。联想是心理学家较早研究的一种心理现象,到目前为止,人们总结出的一般性联想规律有四种,即接近联想、类似联想、对比联想、因果联想。接近联想是指根据事物之间在空间或时间上的彼此接近状态进行联想,进而产生某种新设想的思维方式。类似联想是指由某一事物或现象想到与它相似的其他事物或现象,进而产生某种新设想。对比联想是指对于性质或特点相反的事物的联想。例如,由沙漠想到森林,在产品创意元素构成中由强调想到弱化、由完整想到割裂。因果联想是指对逻辑上有因果关系的事物产生的联想。例如,有烟就有火,无风不起浪。利用联想思维进行创造的方法,即为联想法。在产品设计中设计师可以依据以上讲述的四种常见联想法开拓设计思维,派生出更多设计创意,男装设计亦是如此(图3-14)。

图3-14 男装面料的动植物花纹类似联想法设计

五、模仿法

模仿是学习的最好方法之一,这一点在生活中处处可见,在男装设计中,模仿法也同样是最好方法之一。在品牌成立之初,为了确定产品设计风格、产品结构、出样组合方式等,服装品牌常用的做法是在同类市场中寻找目标品牌,然后在产品企划方向、产品结构配置、产品风格设计、上柜时间、出样组合等方面紧跟目标品牌,进行模仿设计。而在具体产品设计中,模仿法也经常被用到,例如产品设计中的仿生设计,即最为典型的模仿设计案例之一。模仿设计的具体内容可以是产品结构,也可以是产品配色、产品款式、面料组合、搭配方式等方面。模仿法设计是男装品牌迅速把握产品设计方向、产品设计方法的良好捷径之一,需要注意的是,在模仿中关键需要通过模仿寻找方法,总结规律,然后形成自我的创造性思维,而不是缺乏思考的照搬应用(图 3-15)。

图 3-15　某男装新品开发中对于同类品牌夹克拼接元素的模仿设计

六、问题法

很多服装设计基础教材中都介绍了服装设计 5W1P 原则,即典型的问题法设计,服装设计开发需要围绕着解决这 6 个问题而展开。其中 5W 是指:Who 何人(为谁设计,包含着装对象的个体特征等情况);When 何时(包含着装季节、着装时间,以及相关的面料厚薄、季节色彩、款式结构等信息的考量);Where 何地(包含着装环境、着装者要出席的着装场合等信息);Why 何目的(包含着装的目的、着装心理等因素);What 什么(包含设计要求是什么、设计款式是什么、设计面料是什么、版型要求是什么等问题)。1P 是指:Price 价格(价格关系到产品销售市场定位、具体产品定价,并制约设计成本,关系到设计用料、制作工艺等方面)。男装产品设计时需要在此设计原则的框定下,展开前期的设计调研,中期的设计企划、设计结构、具体设计,以及后期的设计评审、大货制作方案、销售方案等。5W1P 原则犹如设计命题一样,框定问题的答案方向,而后续的设计工作则是为了一步步解决这些问题。

七、借鉴法

借鉴法在服装设计中是一种较常用到的设计方法,高级成衣的由来和发展动因之一便是对于高级定制服装的借鉴,很多高级成衣的款式设计均由高级定制服装简化而来,以便满足更广泛的市场需求,从设计方法角度来说,这是对于高级定制服装的款式设计、工艺方式、面料搭配等方面的借鉴。借鉴法在男装设计中的运用方式,或者说是切入点有很多,有从款式造型角度的借鉴,也有设计配色、设计细节、面料风格、图案花色等方面的借鉴,还有从设计题材方面的借鉴,如借鉴绘画等姊妹艺术、借鉴历史资料、借鉴不同地域民族服装形式、借鉴某品牌服装的季节产品配色方案等(图 3-16)。其中借鉴绘画作品的用色比例、用色形式较为典型的例子有伊夫·圣·洛朗(Yves Saint Laurent)借鉴蒙德里安的抽象几何图案画作,设计了经典的蒙德里安裙。

图 3-16　某男装在新品企划中对于同类男装品牌所用条纹元素的借鉴调研

八、反向法

　　反向法是运用逆向思维方法进行男装设计的方法,是对原有事物或者思维定式进行反向操作、反向思考,使得原有事物在相对位置上呈现别样的形态,从而带来突破性的结果。在男装设计中,反向法可以是指男装风格的反向,比如对男装应有的阳刚之美进行反向思维,以表达男装的女性化一面为主要设计表现方法。也可以是设计结构、设计用色、设计材料等方面的反向设计,如上装与下装部分结构的解构反向运用、内衣与外套的反向着装状态、面辅料的反向运用、左右结构的反向等。而设计用色反向,主要是指在系列男装设计开发中,系列单品之间的色彩搭配反向呼应运用(图 3-17)。

图 3-17　男装女性化设计是反向法设计方向之一

　　需要指出的是,本教材所列举的男装设计方法,只代表众多男装设计方法中的某几个部分或者类型,男装设计方法在不同角度下会有很多种不同的方法,比如以表达某种男装风格为导向的设计方法,以表现面料主题特色为导向的设计方法,以加工工艺主导的设计方法等,本教材只列举其中一部分具有代表性并且易于掌握的方法作为示例。

本章小结

　　点、线、面、体是男装款式设计的基本元素,这些设计元素通过设计师按照形式美的法则与不同的服装产品设计理念,结合不同风格、功能、材质、肌理、色彩、厚薄的服装面辅料,以不同的组合排列方式进行款式开发,会呈现出不同的产品风格。这些基本元素可以看作男装的基本设计单位,是设计师进行产品开发的基本切入点。作为男装设计师需要在掌握品牌产品风格理念的前提下,结合材料性能、研究市场需求和消费者穿着功能需求,挖掘设计元素的不同组合形式,运用不同的设计方法,设计出更多符合消费需求的产品来满足市场需求。

思考与练习

　　1. 运用点、线、面、体设计元素进行男装款式设计训练。
　　2. 列举四种不同角度的男装设计方法,并进行相应的款式设计。

第四章

男装设计元素与设计视角

男装设计,尤其是男装成衣设计,需要通过具体的服装材料来实现设计创意,而不是停留在纸面上的图稿。将男装设计创意以面料实物化表现的过程中,在选择合适的面料、辅料的同时,也包含了对于面辅料色彩的选择,以及对于服装廓形的设计考虑,对于产品设计来说,这些设计元素均需要综合考虑才能达到整体的和谐统一。而在设计中,还需要设计师运用专业的眼光把握相关设计视角,才能更好地将产品设计目标明确化、清晰化,并将产品风格与品牌文化的综合实力充分表达出来。

第一节　材料元素与男装设计

　　服装面料与辅料是服装设计的基本元素,在服装设计中,款式造型、细节设计、廓形变化、工艺制作都是以面辅料为基础的,是服装的物质基础。对于成衣设计来说,离开面辅料的服装设计是无米之炊,设计方案也只能停留在设计画稿或设计思维阶段,无法转化为实物。服装面辅料由于材料与花色、织造工艺等方面的不同,所呈现的肌理、厚薄、图案、悬垂度、光泽度、挺括度、手感以及整体风貌也大不相同,各种因素综合影响下的面辅料本身便呈现出不同的风格特征,具有各自不同的属性语言。

一、服装材料的分类

　　服装材料主要由面料和辅料两部分构成。面料也有称为主料,现已成为影响人们选购、穿着的主要因素之一。服用性能好、科技含量高的服装面料是提高服装附加值、为企业取得市场销售有利地位和丰厚利润的重要途径。纵观国内外的诸多男装发布会,总能看见设计师利用新型面料或对面料再设计的时装作品,每季的服装款式都会参考在此之前的面料、辅料流行趋势发布。面料的流行趋势影响着服装款式的设计趋势,通过服装款式设计表达了面料的流行趋势、面料的性能。而辅料是许多服装在制作时必不可少的辅助材料。

(一)面料

　　面料是制作男装产品的主要材料,作为服装设计三大元素之一,面料是男装设计的物质载体。面料不仅可以诠释服装的风格和特性,而且直接决定了服装的色彩、造型的表现效果。所谓皮之不存,毛将焉附?面料是男装设计时有关产品定位、款式风格、流行信息、品牌理念等相关设计信息的载体,亦是其他设计元素的设计媒介。面料是反映服装品质的一个重要指标,面料的色彩、纹样、肌理、后处理工艺等都是男装设计时所要考虑的关键所在,在进行服装产品设计时,通过对面料的再加工以及与辅料的合理配伍设计,会创造出符合品牌产品理念、契合顾客着装要求的男装款式。

　　面料在男装设计中所起到的作用还可以归结为以下主要五点:

　　(1)从顾客价值角度来说:一些高档服装品牌根据顾客的着装理念和穿衣要求推出定制面料设计的业务,服装企业通过定制、定织、定染、再造、改造等方式,为顾客提供定制面料的服装产品设计。通过面料的独特性,为顾客打造专属定制产品。

　　(2)从技术创新角度来说:从面料着手进行改造设计,而非款式外形与内部结构线的变化设计所成就的服装产品设计是其他同类竞争品牌难以效仿的,因为改造面料的相对成本和技术难度会稍高于单纯的款式结构变化所需要付出的代价,因此很多服装品牌把面料设计作为本品牌技术革新的切入点,以此来彰显品牌的产品研发创新能力,从而不断提高品牌产品的市场竞争力。

　　(3)从技术保护角度来说:在市场竞争中,一些品牌在推出某种新款流行产品时,为了防止产品创新手法或者理念短时间内被迅速仿制,常常采取买断面料、限量销售等手段来抑制竞争对手的效仿行为。

（4）从流行趋势角度来说:国际上的趋势预测通常是从对色彩和纱线的预测开始的,在进行款式设计前最先考虑的就是所选用材料的色彩和质地。国际上每年都有专门的面料博览会和纤维、纱线展发布新的面料流行趋势信息,以此来预告和引领未来服装等方面的设计方向。

（5）从产业发展角度来说:服装的发展,已经在很大程度上依赖于面料纺织技术的进步。1904年,纺织材料领域诞生了第一种人造纤维——黏胶纤维;1939年,美国杜邦公司历经10年时间终于研制出尼龙;1940年腈纶出现;1941年发明了涤纶;1959年氨纶出现;此后又有莱卡与天丝纤维的问世,以及现在的竹炭纤维、珍珠纤维等。同样,男装设计与工艺技术的发展,很大程度上依赖于服装产业面料纺织技术的进步。

（二）辅料

辅料是指构成服装的材料中除面料以外的所有用料,它们在服装中起着辅助作用,包括里料、衬料、填充料、缝纫线、装饰材料等,在服装的构成中有装饰、保暖、缝合、扣紧、撑垫等作用。服装辅料与男装设计及制作之间存在着密切的内在联系。从缝纫线、纽扣到拉链、衬料等常用或特殊的辅料,都是男装制作中不可或缺的辅助材料。而在一些高档服装制作中,除了结构设计、裁剪、工艺外,服装内部各种物理、化学性能优良的黏合衬、毛衬、垫肩等辅料也是服装塑型环节重要的辅助材料。同时,各种辅料的款式、风格、材料、性能、色彩等属性也是表达男装设计造型、款式风格的重要设计元素,影响着服装的整体形象(图4-1)。

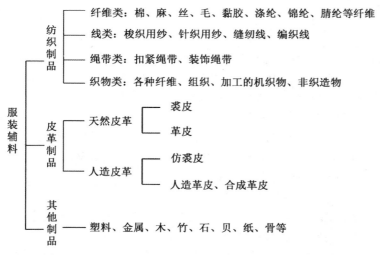

图4-1 常用服装辅料归类

二、 服装材料的属性

服装设计要取得良好的效果,必须充分发挥面料的性能和特色,使面料特点与服装造型、风格完美结合,相得益彰。因而了解不同面料的外观和性能,如肌理、织纹、图案、花色、塑形性、悬垂性、缩水率、热缩率以及保暖性等基本属性,是服装设计师应该具备的基本职业素质之一。

（一）悬垂性

悬垂性是指织物因自重而下垂的性能。即面料在自然悬垂状态下，形成某种波浪状形态的特性。悬垂性反映织物的悬垂程度和悬垂形态，是决定织物视觉美感的一个重要因素。悬垂性能良好的织物，能够形成光滑流畅的曲面造型，具有良好的贴身性，给人以视觉上的不同观感。面料的悬垂性与服装的造型存在着密切的关系（图4-2）。

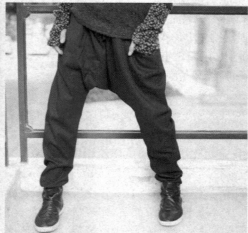

图4-2 利用面料悬垂性的男装设计

（二）延伸性

当面料的伸长性较大时，称之为面料的延伸性，例如各种纬编针织物和含有氨纶成分的针织物延伸性较好。服用针织物的延伸性与服装的穿着舒适性有很大关系，设计师需要研究不同针织面料的延伸性对于设计应用的影响。服装种类不同，对面料延伸性的要求也不同，例如运动服一般要求面料达到25%～40%的最大伸长率。延伸性因织物的不同也有大小之分，以针织物为例，其伸长率由三部分组成：针织线圈形态改变、纵横向纱线间转移以及纱线的伸长。针织物的延伸性及弹性与原料种类、弹性、细度以及线圈长度、织物组织结构和染整加工过程等因素有关。在使用时应适当、有针对性地选择。

（三）保型性

服装的保型性是服装外观质量的重要指标。除了与服装的款式、结构及工艺制作有关外，服装的保型性主要与构成服装的材料因素有关，决定了服装湿热定型后的最终保型效果。在服装制作中经常会发现一些面料在折烫细部造型时难以熨烫平服，或者熨烫平服冷却后又恢复了原样，设计师在选择面料的时候也需考虑面料保型方面的性能。

（四）缩水率

织物的缩水率是指织物在洗涤或浸水后其收缩的比例，影响织物缩水率的因素有：纤维特性、组织结构、织物厚度、后整理和缩水方法等，通常经纱方向的缩水率大于纬纱方向。

（五） 热缩率

热缩率是指材料预热后的收缩比例。很多服装材料在经过热黏合、熨烫等工艺后都会出现一定比例的收缩，在制版时需要考虑热缩率。影响织物热缩率的因素有：纤维特性、组织结构、织物厚度、后整理和熨烫温度等。

三、面料与男装设计

不同风格的面料具有不同的视觉表现力，在男装设计过程中，选用适合于表现造型设计的面辅料材料，对于整个设计作品来说，便有了事半功倍的效果。只有将适合的面料应用于适合的服装造型设计中才能使设计臻于完美。

（一） 光泽型面料

这类面料有高雅、耀眼、丰满、活跃的感觉，如丝绸、锦缎、闪光缎以及各种涂层面料等。在男装设计中常用这类面料来制作礼服、舞台演出服，或者一些炫酷、休闲味较浓的男装，表达出华丽夺目、闪耀光彩的强烈效果。光泽型面料的服装具有华丽的膨胀感，适宜设计修长、简洁的服装造型（图4-3）。

图4-3 不同效果的光泽型面料

（二） 挺爽型面料

挺爽型面料手感硬挺，造型线条清晰而有体量感，能形成硬朗的服装轮廓，穿着时不仅挺括有型，还能给人以庄重、稳定的印象。如涤棉布、中厚型灯芯绒、亚麻布、各种中厚型的毛料和化纤织物，以及锦缎和塔夫绸等。使用挺爽型面料可设计出轮廓鲜明、造型挺括的服装，如西装、西裤、夹克衫等（图4-4）。

图4-4　挺爽型面料制作的男装效果

（三）柔软型面料

　　这类面料一般较轻薄,悬垂感好,造型线条光滑流畅且贴体,服装轮廓自然舒展,能柔顺地显现穿着者的体型。如一些常见的针织面料和丝绸面料。这类面料适合于流畅、轻快、活泼的服装造型设计,裁剪方式常采用自然的结构,更多地以表现面料自然垂褶和体态结构为主(图4-5)。

图4-5　柔软型面料制作的男装效果

（四）厚重型面料

　　这类面料质地厚实挺括,有一定的体积感和分量感,能产生浑厚稳定的造型效果。如粗花呢、大衣呢、一些中厚型皮革材料等厚型面料。厚重型面料一般有扩张感,服装造型不宜过于合体贴身和细致精确,常用于男装外套设计中(图4-6)。

图4-6 厚重面料制作的秋冬男装

(五) 绒毛型面料

绒毛型面料是指表面起绒或有一定长度的细毛的服装材料,如灯芯绒、平绒、天鹅绒、丝绒,以及动物毛皮和人造毛织物等。这类面料有丝光感,显得柔和温暖,其绒毛层增加了厚度感和独特的塑型魅力。绒毛型面料因材料不同而质感各异,在造型能力、视觉风格上各有特点(图4-7)。

图4-7 裘皮服装造型设计

（六） 透明型面料

透明型面料质薄而通透，具有叠透效果。布料的重叠会形成悬垂状态的褶裥或碎褶，从而产生曲折变化的美感。常见的如乔其纱、蕾丝、生丝绡、棉质巴里纱等超薄型棉织物、混纺织物、化纤织物等。透明型面料的质感分为柔软飘逸和轻薄硬挺两种，造型设计时可根据需要采用柔、挺不同手感的面料来表达设计创意（图4-8）。

图4-8 透明材质的创新设计

第二节　色彩元素与男装设计

　　科学研究指出,人们对色彩的敏感度远远超过对造型的敏感度,相对于具体的款式和面料,色彩是最先被人们眼睛捕捉的视觉信息,能够迅速地引起情感反射,色彩在造型艺术中具有先声夺人的魅力,因此色彩在服装造型设计中的地位也是至关重要的,所谓远观色,近看形。色彩在服饰中是最响亮的视觉语言,常常以不同形式的组合配置影响着人们的情感,同时色彩是创造服饰整体艺术氛围和审美感受的特殊语言,也是充分体现着装者个性的重要手段。

一、色彩的心理效应

　　色彩的心理效应来自色彩的物理光刺激对人在生理上的直接影响,是人对色彩所产生的感情变化,是思维联想的结果。心理研究发现,肌肉的机能和血液循环在不同色光的照射下会发生变化,在蓝光下反应最弱,随着色光变为绿、黄、橙、红而依次增强。在红色环境中,人的脉搏跳动会加快,血压有所升高,情绪兴奋。在蓝色环境中,脉搏跳动会减缓,情绪也较为沉静。颜色也能够影响脑电波,脑电波对于红色的反应是警觉,对蓝色的反应是放松。长波的颜色会引起扩张的反应,而短波的颜色会引起收缩的反应。不同的色彩引起的心理变化也是不同的,表 4-1 是对于部分色彩所产生的心理效应的归类。

表 4-1　色彩的心理效应及应用

色　彩		表 示 意 义	运 用 效 果
红		自由、血、火、胜利	刺激、兴奋、热烈、煽动效果
橙		阳光、火、美食	活泼、愉快、有朝气
黄		阳光、黄金、收获	华丽、富丽堂皇
绿		和平、春天、青年	友善、舒适
蓝		天空、海洋、信念	冷静、智慧、开阔
紫		忏悔、女性	神秘感、女性化
白		贞洁、光明	纯洁、清爽
灰		质朴、阴天	普通、平易
黑		夜、高雅、死亡	气魄、高贵、男性化

二、色彩的物理效应

　　色彩对人引起的视觉效果还反应在物理属性方面,如冷暖、远近、轻重、大小等,这不但是由于物体本身对光的吸收和反射不同的结果,而且还存在着物体间的相互作用关系所形成的错觉感受。

（一）温度感

在色彩学中,把不同色相的色彩分为热色、冷色和温色,从红紫、红、橙、黄到黄绿色称为热色,以橙色最热。从青紫、青至青绿色称冷色,以青色为最冷。紫色是由红与青混合而成,绿色是由黄与青混合而成,因此是温色。这和人类长期的感觉经验是一致的,如红色、黄色,让人似看到太阳、火、炼钢炉等,感觉热;而青色、绿色,让人似看到江河湖海、绿色的田野、森林,感觉凉爽。但是色彩的冷暖既有绝对性,也有相对性,愈靠近橙色,色感愈热,愈靠近青色,色感愈冷。如红比红橙较冷,红比紫较热,但不能说红是冷色。此外,还有环境色的影响,如小块白色与大面积红色对比下,白色明显地带绿色,即红色的补色影响反应在白色中。

（二）距离感

色彩的距离感是指色彩具有退远与移近、扩大与缩小的作用。冷色与黑色具有退远与缩小感,暖色与白色具有移近与放大感。色彩的不同可以使人感觉进退、凹凸、远近的不同,一般暖色系和明度高的色彩具有前进、凸出、接近的效果,而冷色系和明度较低的色彩则具有后退、凹进、远离的效果。

（三）重量感

色彩的重量感并不是指颜色自身的重量,而是色彩给人带来的心理感受。有的颜色使人感觉物体重,有的颜色使人感觉物体轻。色彩的轻重感主要取决于明度和纯度,高明度、高纯度的色彩往往具有轻感,低明度、低纯度的色彩具有重感,白色为最轻,黑色为最重。实验表明,同样轻重的黑色箱子与白色箱子相比,前者看上去要重 1.8 倍。此外,即使是相同的颜色,明度低的颜色也会比明度高的颜色感觉略重。红色物体比粉红色物体看上去更重。彩度低的颜色也比彩度高的颜色感觉更重。同是红色系,栗色就要比大红色感觉重。

（四）尺度感

色彩的波长和明度不同使得色彩具有膨胀与收缩感,生活中我们会发现,不同色彩的相同尺寸物体有了大小不同的视觉感受。暖色和明度高的色彩具有扩散作用,因此物体显得大;而冷色和暗色则具有内聚作用,因此物体显得小(图4-9)。色彩的尺度感应用范例当属法兰西共和国国旗设计,一开始三色旗是由面积完全相等的红、白、蓝制成的,但是旗帜升到空中后感觉三色的面积并不相等,于是有关色彩专家进行专门研究,最后把比例调整到红35%、白33%、蓝37%时才感觉到三色的面积相等。

三、 男装色彩设计的影响因素

相对于缤纷绚丽的女装来说,男装的色彩稳重而素雅,男性的社会角色决定了服装色彩的基调,男性在社会中往往需要体现出强悍自信、踏实稳重的形象,而稳重的男装色彩正能给人以老练、沉稳的印象,从而进一步产生信任和可靠的心理感受。在传统文化观念中男士应该具有成熟、稳重、可靠的形象,这种意识和观念从各个方面对男装的设计提出要求,也使得男装在色彩上多以灰、黑、白等无彩色系或中性色系为主调,以适应人们长期形成的着装观念,强化男性的社会形象,一般只有少数休闲男装会采用高彩色搭配。当然,不同的地域、时代、民族习俗、宗教信仰、流行风尚等因素都会对男装的色彩有影响。

图 4-9　街拍男装的色彩搭配设计

　　设计师在产品开发设计中,对男装服装色彩的选择和使用会受到多方面因素的影响和制约,诸如所属品牌的定位和风格理念,目标消费者的年龄、学识、信仰、体型、肤色,品牌产品目标市场的地理环境、季候、地域文化、流行风尚等,而作为消费者的穿衣选择也同样如此。以下将对这些影响因素加以详尽分析。

（一）品牌因素

　　随着服装消费市场的日益繁荣,各类服装品牌可谓琳琅满目,服装品牌定位和产品风格也呈现多样化。不同定位的服装品牌,其产品设计风格必然也会存在着较大的差异,在产品款式风格、面料风格、色彩风格、工艺风格,以及糅合这些设计元素的整体设计风格上均有着较大的差异。就色彩设计而言,朋克风格的服装和职场通勤风格的服装在品牌产品色彩规划上显而易见是不同的。另外,很多知名服装品牌在长期的品牌发展历程中逐渐形成了具有代表性的产品配色风格和体系,从而成为某种标识和象征,在消费者心目中塑造出固化的品牌形象。

　　品牌因素对于男装色彩设计的影响在实际产品设计工作中表现为:设计师或者企划部门依据服装品牌的定位和产品风格,对产品系列的色彩组合构成进行规划,表现出品牌的风格、定位、理念、特色等。而产品设计部门在进行系列产品的具体设计时,还需要依据色彩企划的概念方向,以及依据季节和整体企划时间节点而定的不同色彩组合出样波段等,进一步细化产品系列色彩组合的比例与搭配方式(图 4-10)。

图 4-10　意大利品牌 Missoni 在户外展示其标志性的锯齿状彩色针织条纹设计

（二）季候因素

　　人类居住环境有着明显的经纬度差异,全球气候也随着太阳辐射的纬度分布差异而变化,加之地貌地形的差异,形成了不同的气候特征和气象表现,对于生活于其中的人们的着装便有了不同的要求,除了适应不同民族民俗的要求外,最主要的因素就是季候差异所带来的不同着装要求。人们在不同的季节对于色彩的心理追求不一,穿衣色彩带有明显的季节偏向性。例如:春季由于气候温和,万物复苏,一般选用中性色调和鲜艳明快的色彩,如草绿、粉红、嫩黄等;炎热的夏季,一般选择视觉上无刺激性的冷色调、中性色,如蓝色、白色、灰色、浅粉等;秋季万物成熟,开始萧瑟,多选用成熟的咖色、驼色等温暖色系;而冬季会选用温和、舒适的暖色调(图 4-11)。

图4-11 同一品牌不同产品季的色彩构成印象

（三）民族因素

　　服装色彩除了视觉上的物理属性，还往往被赋予丰富的文化内涵。色彩所具有的民族性反映出与这个民族息息相关的人文背景、自然环境、生存方式、传统习俗等，可以说，一个民族的色彩审美意识能够折射出这个民族的文化心理及潜在性格。例如，东方民族喜欢清新淡雅，非洲民族喜欢大红大绿，欧洲民族喜欢对比强烈，热情的西班牙人喜欢明朗的颜色，北欧人民偏爱冷峭苦涩的颜色。色彩的民族因素对于个体来说也具有一定的差异性，与个体的教育、审美、年龄、性格等有关。年长的喜欢深沉一点的颜色，年轻的喜欢新鲜一点的颜色，而儿童喜欢活泼一点的颜色。设计师除了要了解各民族的色彩喜好，更需要研究许多民族的色彩禁忌，特别是涉及到民族文化、宗教信仰等方面的设计任务时候用色要格外谨慎，确保服装色彩设计最为科学、合理（图4-12）。

图 4-12　服装色彩的民族色彩符号

（四）地域因素

　　居住地域的不同,使人们在长期的生活实践中形成了较强的具有地域特征的色彩喜好。不同地区的地理条件也能使人们形成对于某类色彩的偏好。例如,北方较为寒冷、干燥,人们喜用紫红色、棕色等,这类色彩可以有效调节视觉疲劳,弥补了人们的心理需求。但是这也不是绝对的,有时为了时尚和潮流的需要,也会使用浅色调和冷色调,例如白色和浅蓝色的滑雪衫也是深受欢迎的。季候性色彩的规律可以总结为:在寒冷地区服装色彩会比较深一些,一般习惯于黑色、蓝色、紫色、深咖啡色等容易吸光的深沉色彩;在炎热地区,则一般喜欢反光强的浅色调;风沙多的地区出于耐脏的考虑往往选用深色调。

　　服装造型设计需要把握消费者所处地域环境因素,特别是气候因素对于着装的要求。对目标市场消费需求特征及时进行调研,并根据调研结果准确地调整款式设计方案,确立合理的产品结构,方能在长期的品牌经营中立于不败之地(图 4-13)。

（五）流行因素

　　在生活中,服装很多时候已经被理解为流行与时尚的代名词,总是在第一时间反映出时尚流行的变化节奏,其中以服装色彩的表现最为敏感。通常品牌公司在新一季产品企划中,对于服装流行色彩的选用和配比占据了工作内容的很大一部分。因为流行色彩具有鲜明的时代感和时尚性,每一季色彩权威研究机构都会对未来一段时间内将要流行的服装色彩进行归纳、研究、预判,进行预测发布,国际流行色委员会每年都会发布来年春夏和秋冬的流行色趋势,并通过流行色卡、时尚杂志和纺织样品等媒介进行宣传,使其成为各品牌服装设计师在新一季产品研发中色彩应用的重要参考信息(图 4-14)。

图 4-13　服装色彩的地域特征

图 4-14　贝纳通一直以独特、鲜艳的设计色彩引导着男装时尚流行

第三节　廓形元素与男装设计

　　服装的外轮廓是指服装的外部造型剪影，也称作廓形，是服装造型设计的根本。服装造型的整体印象是由服装的外轮廓决定的，廓形可以在较远的距离、较短的时间内表达出服装造型的基本特征，是形成服装造型特点和风格的主要因素。

　　从服装造型设计的角度来看，服装廓形一直以来都受到社会、战争、政治、经济、文化、民族、思潮等因素的影响，折射出时代的印记。

一、服装廓形设计的作用

　　服装廓形是区别和表达服装特征的重要维度，在服装史料中也不乏以经典廓形设计而闻名于世的著名作品，很多服装史料中对于服装的发展变迁多是以服装廓形的变化来描述的，可以说服装流行的变迁与服装廓形的变化潮流有着密切的关系。服装潮流演变的明显特征便是廓形的变化演绎。在设计界，服装款式开发的流行预测，以及开发流程中的概念描述均有很大篇幅用于阐述廓形变化的重要特征，便于设计师在后期开发中为服装风格奠定好基调，对于后期进一步的细化设计作出指引。

　　依据服装设计的风格分类可以从以下两个角度来阐述服装外轮廓设计的作用，一是在艺术化服装设计中的作用，二是在实用服装设计中的作用。

（一）在艺术化服装设计中的作用

　　艺术化服装往往被认为是创意服装。当然，艺术化的服装不能脱离创意性，除了具有创意性之外，更在于其具有的艺术审美性，创意的服装设计如果脱离了艺术的审美便不能称为艺术化的服装设计，一味地求新求怪也不能称之为艺术化服装设计。因此，在日常生活中，人们会把一些以突出服装艺术性作为第一要旨的服装设计作品定义为艺术化的服装。即艺术化服装不是把服装的实用性作为第一考虑要素，也不是作为未来要面向市场的主要产品，而是以艺术性和体现设计师的设计创意理念为核心的服装。艺术化的服装能够充分体现设计师的原创精神，在体现设计师个人主观意向和个性审美的同时，使得设计师的潜能得到充分展现。

　　艺术化服装具有很强的艺术感和创新性，是在不考虑成本的前提下，充分发挥设计师的主观能动性和创造性，把美的、特别的、另类的服装展现在我们面前，开拓了新的服装设计理念，打破了服装设计思维惯性，用创新的思想和独特的视角去设计。在服装设计业内，艺术化服装设计常常在服装设计大赛中有较多展现，此外还有一些品牌服装设计师为了表达某种个人设计理念或者是为某一主题活动而设计这类服装。以表达创意为目的的设计大赛和设计师表达个人设计理念的服装设计，其目的均是为了表达服装的艺术创意，而为了某个主题活动而设计的服装作品，其目的除了要展现设计师的艺术才华外，更重要的是需要契合主办方的活动目的。此类服装在设计中非常注重表现服装的审美性、娱乐性、创新性这三个主要方面，而在设计风格和表达形式方面也非常注重服装的外轮廓造型设计创新，设计师对于服装流行的解读与审美，通过具有代表性的服装廓形设计作品的诠释潜移默化中影响着普通大众的审美观,产生一种新的观念、新的思想和新的形式,给人们带来艺术的享受,并在一定程度上提高了人们的审美意识,有着积极的引导作用,服装廓形在这其间发挥着重要的作用。值得注意的是当设计师运用造型手段去设计美观的外在形式,使人获得美的享受的同时,还要注意在不同的时期人们对美的认识和欣赏的程度及角度会有所不同,因此,进行艺术化服装设计时,设计师需要依据观赏者所处的大的社会背景、生活环境、潮流意识等进行相应的设计,即服装的发展以及服装廓形的发展变迁映射着时代的审美(图4-15)。

图4-15 华人设计师XIMON LEE创作的Children of Leningradsky系列

(二) 在实用服装设计中的作用

生活中所谓的实用服装一般是指成衣化的服装,即直接在市场上销售的服装,设计师的主要工作目的便是把自己设计的服装通过批量生产转化为产品,再经过销售环节转化为商品,为企业赚取经济利润和社会效益。因此,成衣化服装具有很强的商业性和实用性。由于成衣化服装最终的功能和目的是在消费者手中变为消费品,设计师不仅要根据流行状况和市场需求进行构思,还要考虑到大众的审美和经济成本等因素。成衣化服装是相对于艺术化服装来说的,符合成衣的定义。成衣是近代在服装工业中出现的一个专业概念,它是指服装企业按照一定的号型标准工业化批量生产的成品服装。一般在裁缝店里定做的服装和专用于表演的服装等不属于成衣范畴。通常在商场、成衣商店内出售的服装大多都是成衣。成衣作为工业产品,符合批量生产的经济原则,生产机械化,产品规模化、系列化,质量标准化,包装统一化,并附有吊牌、面料成分、号型、洗涤保养说明等标识(图4-16)。

　　就成衣产品的设计来说,服装的外轮廓设计是品牌公司在进行新一季产品主题设计中所要考虑的首要因素之一。新一季的产品企划开发中设计师需要就系列产品廓形设计的整体规划进行说明,包括设计师的产品设计理念,以及对产品设计整体外廓形的规划,诸如外套等款式的肩线、腰围线、下摆之间的造型比例,做出整体的规划和具体的导向。外部廓形设计是系列产品款式设计的关键环节,是反映服装流行趋势信息的重要特征之一,服装的廓形设计在某种程度上也体现出产品设计的时代特征,同时也表现了服装的造型风格。

图4-16　男装成衣的廓形设计则更加侧重实用性

二、 男装廓形的设计原则
(一) 掌握流行趋势
　　良好的产品设计需要既能够符合品牌产品特征、符合目标市场的消费群体需求,又具有时尚流行的产品理念和品牌文化内涵,只有这样才能保持产品在市场销售中得到消费者恒久的认同而永葆生命力。其中,保持产品在市场竞争中不被淘汰的重要因素,除了品牌经营者非凡的经营能力、品牌文化的良好根基和不断提升的美誉度,还有产品设计中不断注入的流行元素,使得着装者总能走在时尚流行的前沿。

为了保持所设计的产品具有恒久的生命力和持续的销售热点,设计师需要非常重视产品的时尚流行度,在设计作品的廓形时,需要依据流行趋势导向进行辩证选择。设计师需要在把握品牌文化和产品理念的前提下,积极关注时尚流行的发展动态,尤其是对服装廓形的当前以及未来的流行趋势、流行动态加以归纳总结,应用于男装廓形设计中。设计师在进行男装设计时需要关注流行,但是也不能盲从于流行,对于来自不同渠道的流行元素需要依据消费者的个体特征进行有针对性的研判,剔除不适合的廓形风格特征,将最为适合的流行元素糅合于服装廓形设计中,这样才能做到服装既符合消费者个体气质,也符合流行趋势,切不可为了追逐流行而迷失自我(图4-17)。

图4-17　资讯网站的潮流信息可以为设计提供参考

(二) 了解材料性能

在服装设计中,经过设计师对各种面辅料的搭配组合,通过一定形式的内外部结构设计,以及制版师、工艺师的技术加工,服装会呈现出丰富的风格特征。而消费者在选择服装时也是通过对面辅料的花色、图案、肌理、手感、质感等方面的直观感受,再结合对设计手法、设计风格、设计细节、裁剪版型、制作工艺等方面的综合考量,判定服装是否适合自己的着装风格与价值取向。在实际消费中,当消费者决策时,服装面辅料是重要的考量因素之一。同时,面辅料的价格直接影响着服装制作成本,也会最终影响到服装产品定价。因此,作为服装设计师需要非常了解服装材料的性能,需要考虑所设计的服装款式廓形在造型上能不能达到预想效果,在后期的制作过程中是否存在工艺上的难度等,设计师需要对所用服装材料做到了如指掌方能更好地将其应用于产品造型设计中(图4-18)。

图 4-18　不同风格的服装材料

（三）尊重个体需求

　　服装的造型设计行为是以顾客的消费需求为基础的，设计师、工艺师在进行服装设计、制作过程中应本着以满足顾客需求为中心，以服务顾客为出发点，而不是忽略消费者个体需求，一味地按照自己设计喜好，天马行空，进行毫无市场需求的夸张造型设计。另外，需要指出的是尊重顾客的个人喜好和要求并不等于盲从，设计师需要以自己的专业眼光给予消费者适当的引导，不能只顾迎合消费者的需求而忽略其他正确的判断。

　　依据消费者所进行的服装造型设计除了要表达服装款式造型的设计创意理念、表现设计师的设计才华外，还有更加重要的功能，即扬长避短、补正修饰人体、提升着装者的品位。设计师在设计过程中应尽力尊重顾客的个人选择爱好，并认真为其服务；同时，对于部分缺乏服装专业和形象设计知识的顾客提出的不恰当要求，需要在尊重个体的基础上沟通交流，从美学和适合个体的角度来探讨最佳的造型设计方案，引导和提升顾客的消费审美和消费文化水平。

（四）考虑时代文化

　　服装是一种具有文化内涵的特殊商品，能够体现出设计者以及穿着者的文化品位。服装折射着时代的文化，服装设计中所要考虑的文化背景可以解读为服装设计作品中蕴涵的文化背景、服装设计师的文化背景以及顾客的文化背景等。服装设计作品在主题或装饰手法上可能会借鉴或表达某种文化背景，在款式造型、装饰工艺、附属配饰上可能会反映某种文化背景，或在款式、风格上可能具有某种文化背景的指向。

　　时代文化对于服装设计流行有着较大的影响力,设计师关注社会文化流行趋势,并将其运用于设计作品当中,表达对于社会文化的认知。(图 4-19)。

图 4-19　时代文化对服装设计有较大影响力

三、 男装常用廓形分类

　　男装常用廓形可归纳成 A、H、X、Y 四个基本形。A 形的造型扩大下摆,收紧上身,形成上小下大的外形。在男装中,多用于大衣、派克等服装的造型设计。H 形也称矩形、箱形,表现为衣服的肩线、腰围线和臀围线三者的尺寸基本一致,整个外形呈直筒形,自然而随意。休闲风格的男装如宽松的男式西装及大衣、外套等多用此类廓形。X 形则是表达男装收腰造型的方式之一,其造型特点上大下小,中间收紧,但一般不会像女装那样特别强调肩、腰、臀之间的尺寸对比,通常收腰趋势不是太大,只做 X 形倾向,多用于现代男装的西服造型设计中。Y 形类似倒三角形,其造型特点是强调并加宽肩部,收紧下摆形成上宽下窄的造型,多用于较夸张的表演装以及前卫风格的服装产品。

第四节　男装设计视角

视角，即人眼对物体两端的张角。日常生活中的视角是指人们观察事物的方向、角度和观点。设计行为中的视角是指设计师观察设计对象或研究设计方案的出发点、观点、方法，以及设计思路的侧重点和审美角度与背景。男装设计创意素材重组的视角不但需要把握服装创意素材研判的一般标准，更需要从男性服装设计的角度来审视创意素材的重组思路。具体的男装创意素材的重组视角包括以下五点。

一、设计目标

设计目标是男装产品开发流程的前端部分，具有方向性意义，是设计任务的第一步，是品牌产品企划之初既定的设计方向，对设计流程的后续工作起到引领作用。它是男装产品开发流程中对于即将上市产品的预期目标设定，是对产品将呈现怎样的设计风格，满足于怎样的细分市场与目标人群等系列问题的初步框定。而产品设计流程后期的诸多环节皆需要围绕着这个设计目标进行，因此对新产品开发创意素材的重组分析视角应该围绕着设计目标来进行，所收集创意素材概念需要能够满足设计目标对于设计风格、设计理念等产品预期设计效果的预判。例如，某男装品牌在新一季产品开发中，产品系列主题之一为"动感时代"，设计目标为：在新的经济形势与社会观念双重影响下，年轻一代在感触社会竞争压力，追逐经典与传统的同时，寻求一种内心的突破，力求更多边缘化的创新。从该品牌在以上产品系列主题的设计目标中可以看出，品牌对于新一季产品设计目标的导向，是要在突破传统的基础上，发掘更为时尚的时代元素。因此创意素材收集需要在设计目标对于产品设计理念的框定范围中进行，不可与主题相去甚远，一些过于传统的服装设计元素就不大适合这一设计目标下的主题概念，需要舍弃此类创意素材或者进行设计元素的重构，再视情况而定能否进一步应用。

二、产品风格

产品风格是指艺术作品或者产品在整体特征上所呈现出的具有代表性的独特面貌，由艺术品或者产品的独特内容与形式相统一、作为创作主体的艺术家的个性特征与由作品的题材以及社会、时代等历史条件决定的客观特征相统一而形成的。风格的形成有其主、客观的原因。在主观上，艺术家由于各自的生活经历、思想观念、艺术素养、情感倾向、个性特征、审美理想的不同，必然会在艺术创作中自觉或不自觉地形成区别于其他艺术家的各种具有相对稳定性和显著特征的创作个性。艺术风格就是创作个性的自然流露和具体表现。客观上，创作者在进行创作时会受到一定社会、时代背景下的政治、经济因素以及社会大众审美思想、审美习惯等方面的制约，形成具有时代特色的产品风格。

产品风格具有可变性，会受到外界因素的干扰而产生变化，对于多数品牌公司来说，产品风格一旦形成即会在一段时间内具有一定的稳定性，因为产品风格是品牌产品的设计风格、工艺制作、产品理念等方面产品信息的表象，顾客透过这些表象解读产品设计理念，并对自己喜爱的产品设计与品牌产生良好的情感依赖,形成习惯性购买,使得产品与品牌具有良好的美誉度。所以,对于品牌产品来说,在一定时间段内其产品风格具有一定的稳定性,不会轻易转变产品风格来将就某一设计元素或者创意主题,更不愿意承担任何非有意识变动所带来的经济损失。因此设计师在收集男装系列产品新品开发的创意素材时,需要围绕着阶段时间内品牌产品既定的产品风格进行有目的的研判、筛选,剔除与产品风格大相径庭的创意素材。例如,某男装品牌定位是为都市时尚新贵打造另类自我新形象,产品设计风格的关键词解读为:时尚、叛逆、自我、新锐。因此在设计素材收集时就会框定在这些关键词所导向的范畴以内,而过于历史、经典、传统的设计元素会因其性格、气质、形式、语言方面的制约,不能与该产品的设计风格相契合,不能被直接应用,如果应用就要进行适当的整理。

三、 制造卖点

产品卖点是指产品所拥有的最为显著的设计特征,相对于品牌文化建设、产品架构企划之类宏观的设计规划来说,产品卖点的设计则相对细致、微观。对于品牌公司来说,其产品是品牌与消费者沟通交流的媒介,是企业盈利的载体,企业和品牌在产品设计时需要很好地把握设计创意素材的重组视角,致力于制造卖点,通过具有感召力的卖点形成产品热销,并且强化品牌在消费者心目中的良好形象。

在系列产品研发中,对于创意素材的重组应用需要具有前瞻性、时效性、热度,以此确保创意素材具有较好的卖点。创意素材重组制造卖点的方法有多个不同的角度,其中包括特殊的产品功能、特色的产品材料以及恒久的品牌文化等重要角度。依据品牌风格、流行趋势、市场需求而进行的设计元素整合是创意素材重组制造卖点的常见出发点,从视觉营销的角度来说,设计元素中的造型、色彩、图案、肌理以及工艺细节、内部结构设计等都是显性的设计元素,在创意素材重组时很容易在视觉上形成产品卖点。

四、 控制成本

在正常的市场环境下,成本是品牌服装产品定价的底线,是决定价格的基本因素。在市场竞争中,较低的成本在定价方面往往使企业具有较大的主动性,易于保持竞争优势,并能得到预期的利润回报。控制成本是每一家企业为了追逐利润、确保持续发展所做的主动性工作,成本控制不好往往会危及企业的生死存亡。企业在运行管理中需要尽最大努力,科学管理,合理计划,严格控制,减少不必要的开支,杜绝浪费。

服装的成本分为两种,即固定成本和可变成本。固定成本是指不随订单产品数量变化的成本,例如不管制作车间是否开工,都必须支付厂房的租金、设备维护费用、折旧费以及其他方面的开支。而可变成本直接随产品订单量发生变化。例如生产一件服装,会涉及设计成本、材料定额、劳动定额、管理费用以及加工、包装、仓储、运输等环节的成本,它们的总成本往往与产品数量成正比,在某些环节中,当产品生产达到一定量时,其成本会随着规模效应的变化而成反比。

产品设计成本包括用于产品设计调研、资料收集、设计师及助理薪金、设计管理费用等。其中设计调研和资料收集环节会涉及本节内容所探讨的创意素材收集与重组,属于设计流程的前端工作,如果在此环节所收集的创意概念过于偏离产品的设计目标和产品风格且没有得到及时的修正,直到后期产品制作过程或者产品已经制作成型即将上柜销售时才发现产品与最初的设计目标及产品风格相背离,再进行返工修改,这种由于最初的不良产品定义所造成的时间与金钱的浪费,无疑会增加产品成本,更会影响品牌声誉。另外,在创意材料收集时,如果过于追求某种对品牌自身加工水平来说工艺难度较大的设计素材所特有的创意效果,而忽视了为了达到这种创意效果所付出的巨大代价,无疑会增加产品的制作成本,也会对整个加工流程造成拖累。

五、品牌文化

品牌文化指通过赋予品牌深刻而丰富的文化内涵,树立鲜明的品牌定位,并充分利用各种强大有效的内外部传播途径创造品牌信仰,形成消费者在精神上对品牌的高度认同,最终建立强烈的品牌忠诚度。品牌忠诚度可以为企业赢得稳定的市场,提高企业的竞争能力,为品牌战略的成功实施提供强有力的保障。

品牌文化是品牌在经营中逐步形成的文化积淀,代表了企业和消费者的利益认知、情感归属,是品牌与传统文化以及企业个性形象的总和。其核心是文化内涵,具体而言是其蕴涵的深刻价值内涵和情感内涵,也就是品牌所凝炼的价值观念、生活态度、审美情趣、个性修养、时尚品位、情感诉求等精神象征。品牌文化通过创造产品的物质效用与品牌精神高度统一的完美境界,能超越时空的限制带给消费者高层次的满足、心灵的慰藉和精神的寄托,在消费者心灵深处形成潜在的文化认同和情感眷恋。在消费者心目中,他们所钟情的品牌作为一种商品的标志,除了代表商品的质量、性能及独特的市场定位以外,更代表他们自己的价值观、个性、品位、格调、生活方式和消费模式;他们所购买的产品也不只是一件简单的物品,而是一种与众不同的体验和表现自我、实现自我价值的道具;他们认同购买某种商品的行为并不是单纯的购买行为,而是对品牌的文化价值的追逐和个人情感的释放。因此,他们对自己喜爱的品牌形成强烈的信赖感和依赖感,并融合许多美好联想和隽永记忆,他们对品牌的选择和忠诚不是建立在直接的产品利益上,而是建立在品牌深刻的文化内涵和精神内涵上,维系他们与品牌长期联系的是独特的品牌形象和情感因素。这样的顾客很难发生"品牌转换",毫无疑问是企业的高质量、高创利的忠诚顾客,是企业财富的不竭源泉。可见,品牌就像一面高高飘扬的旗帜,品牌文化代表着一种价值观、一种品位、一种格调、一种时尚、一种生活方式,它的独特魅力就在于它不仅能提供给顾客使用价值,而且能帮助顾客寻找心灵的归属,放飞人生的梦想,实现他们的追求。

男装产品设计在创意素材积累时,需要兼顾品牌文化所倡导的价值观念、生活态度、审美情趣、个性修养、时尚品位、情感诉求等精神象征,用于新产品开发的设计创意素材需要能够与品牌产品受众在价值观、个性、品位、格调、生活方式和消费模式等方面产生共鸣,为促进品牌与受众之间的情感依赖起到催化作用。例如,我国著名男装品牌——柒牌,一直以来立志推广中华立领男装民族文化,柒牌男装也是国内最早挖掘中国文化的服装企业之一,借助"叶茂中策划+李连杰代言+央视广告+中国文化+差异化产品"打造出强势的"柒牌中华立领"特色产品与品牌文化。在其"中华立领"子品牌产品开发设计创意素材的收集中,大量借用中国元素,与中华立领、民族精神相结合,大胆地走差异化的道路。柒牌将服装融合在长城、竹林、山脉、水墨等显著的中国元素与文化氛围中,藉此体现与众不同的气质与品位。此类充满中国文化的创意素材对于柒牌中华立领的品牌文化诠释,无疑是一种更好的推进。

本章小结

　　材料、色彩、廓形是男装设计的三元素,涵盖了男装产品属性的三个重要部分,也是男装表述自身风格、品牌理念、款式功能、色彩搭配等方面的重要媒介和表现形式,是男装产品开发的重要内容。设计师在从事产品开发设计时需要把握好这些元素的相关属性,还需要把握男装设计的相关视角,明确产品设计目标,合理运用设计元素表述产品风格,关注品牌文化建设与传播,在控制成本的前提下制造更多的产品卖点。本章对相关内容的阐述,有助于学习者进一步明确男装产品设计角度和设计方法。

思考与练习

　　1. 从材料、色彩、廓形的不同角度,或者利用三者之间的有机综合,进行男装产品设计。

第五章
男装单品设计与系列设计

　　服装单品设计是指以某种品类或者按照年龄段、主体材料、民族、功能、季节等属性划分的服装类型作为设计范畴，为某个单体对象或者团体对象设计单品类服装。服装单品是构成品牌服装产品的基本元素，无论是以单品类服装为产品主体的单品牌服装品牌，还是以多品类、系列化服装构成产品组合的综合类服装品牌，服装单品都是构成品牌服装产品的基本单位。因此，可以说服装单品的设计风貌在某种程度上直接反映着所属品牌的产品设计风格以及品牌定位、品牌理念，是服装品牌产品设计的具体对象。

　　随着产业的发展和市场需求的变化，系列化的产品设计以其系统化、多层次、整体化的产品特征，以及便于穿着组合搭配、拥有整体统一的陈列展示形象、具有附带联动销售功能、利于形成强大的品牌宣传攻势等优势，越来越受到商家和品牌以及消费者的重视。纵览衣食住行用等与人们生活密切相关的各个方面，多数产品均已注入了系列化的设计理念，在某个品牌理念和应用功能的统括下，形成了具有强烈视觉冲击力和品牌感染力的整体形象。不论是在超大的购物中心还是品牌自有直营店，不论是橱窗陈列展示还是内堂上架货品，从产品POP广告到包装设计，都以系列化的视觉形象呈现。比如家用电器系列、日化系列、食品系列、女装系列、男装系列等产品。

　　系列化的产品设计与包装陈列展示不仅可以在视觉上给消费者整体感、秩序感，也便于在设计上充分诠释品牌理念与倡导的消费文化，有利于在展示中突出产品风格特征与品牌形象。

第一节　男装单品的概念

　　男装单品作为服装产品设计范畴中的一个门类,在设计时除了要把握服装设计的一般原则外,更需要注重考虑其自身属性。服装设计的 5W1P 原则是从设计主体的着装季节和着装时间、着装场合、着装目的和用途等方面考虑服装设计具体内容和形式以及所用材料与加工工艺的可行性,注重生产管理,合理控制成本与时间节点,控制设计与制作等方面的各种成本构成因素,并注重材料、色彩、造型、流行的协调统一。男装单品设计需要从男装消费者的性别特征、年龄、职业、收支状况、生活方式等方面分析目标受众的价值取向、审美观念,对消费心理和消费习惯等进行综合分析、调研,才能做到定位准确、方案合理、设计结果科学合理,从而避免因为盲目设计造成资源浪费,甚至给企业造成经济损失,避免品牌在消费者心目中留下不良印象。

一、 男装单品的含义

　　男装单品是指按照服装品类或者年龄段、主体材料、民族、功能、季节等属性划分的男装类型。

　　从以上对于男装单品的定义中可以总结出按照不同划分标准得到的男装分类范畴。例如按照年龄分类,男装单品可以分为婴儿男装(0~1 岁男婴穿着的服装,尽管在日常生活中此时的男婴与女婴并没有太大区别)、幼儿男装(2~5 岁男童使用穿着的服装)、儿童男装(6~11 岁男童穿着的服装)、少年男装(12~17 岁少年男性穿着的服装)、青年男装(18~30 岁青年男性穿着的服装)、中年男装(31~50 岁中年男性穿着的服装)、老年男装(51 岁以上中老年男性穿着的服装)。再如从气候与季节的角度来分类,男装单品可以分为春秋装(在春秋季节穿着的服装,如套装、单衣、风衣等)、冬装(在冬季穿着的服装,如滑雪衫、羽绒服、大衣等)、夏装(在夏季穿着的服装。如短袖衬衫、短裤、背心等)。

　　需要指出的是,以上列举的部分男装单品分类方法只是通常意义或者说是约定俗成的男装分类方法。随着人们生活环境的不断改善,男装服用材料的不断推陈出新,加之男装裁剪制作工艺的逐渐成熟,我们有时候难以评判某种男装单品究竟属于何种分类标准。男装单品往往同时具有几种以上的分类所涵盖的属性特征,因此沿用某一种分类方法很难做到准确无误,需要通过几种分类方法从不同侧重点综合界定方能将其概念表述得相对完整。只有这样,才能在设计男装单品时做到全面、细致、准确地理解各种形式的设计指令,才能得出令人满意的设计结果。

二、 男装单品设计的含义

　　男装单品设计是指以某种服装品类或者按照年龄段、主体材料、民族、功能、季节等属性划分的男装类型作为设计范畴,为某个单体对象或者团体对象设计男装单品类服装。既然是针对男士群体进行男装单品设计,理所当然应首先从设计的目标受众着手,研究其个体与群体特征,分析其主流的生活方式以及价值取向、审美观念、消费心理和消费习惯等,这样才能使所设计的男装单品更加符合市场需求,具有更高的市场价值。

对于男装设计来说,其突出作用之一即展现着装者所具有的男性美,设计产品要能够展现穿着者的特点和气质,表现出男性的豪迈和刚健。在进行男装单品设计时,需要从款式风格、廓形特征、面料风格及品质、色彩属性、细节设计与结构设计等方面来进行综合考量,通过这些相关元素的整体协调,形成一种展现男装之美的综合表现力。

第二节　男装单品的设计原则

一、男装单品面料设计的原则

　　面料是服装设计的物质载体,同样的,对于男装单品设计来说,面料是产品定位、款式风格、流行信息、品牌理念等相关设计信息的承载物体,亦是其他设计元素的设计媒介。同时,面料也是反映男装单品品质的一个重要指标,对于男装品牌来说,面料是评判其服装产品档次高低的重要依据,也是丰富款式造型的重要手段。

　　面料的色彩、纹样、肌理、后处理工艺等都是面料设计的关键,在进行男装单品设计时,通过对面料的再加工,以及与辅料的合理配伍设计也会创造出非凡的男装单品款式来。在男装设计中,通常哪种面料适合做哪一类型的服装,已经形成了定式,但有时也会有一些打破常规的大胆设计,创造出非凡的男装单品。设计师一般应用对比思维和反向思维的方式,打破视觉常规,以出奇制胜的手法将不同性能、肌理的材料搭配起来,给顾客以震撼的视觉效果,从中领略到设计师独到的设计内涵。通过精致而细腻的手工制作使材料富有生命力,或对原有材料进行二次设计,赋予新的美感,无论是在视觉还是触觉上都能够给顾客带来焕然一新的感觉(图5-1)。

图5-1　某品牌男装单品设计的面料企划

　　男装设计师应该熟练掌握不同面料的性能、质感及造型特色,在进行产品设计时才能灵活自如地运用面料。在单品设计中,除了遵循季节、气候、订单要求等因素外,更重要的是需要依据消费者的个体特性来进行差别对待。由于个体的差异以及各种服装面料的不同表面风格、手感特征等,往往会导致同一种面料在不同体型的顾客身上呈现不同的着装效果、风格面貌等,所呈现的个人着装风度与气质也完全不同。因此在男装设计中需要针对消费者的个体身材高矮、胖瘦、比例以及个人精神面貌、气质等因素进行合理的选择。

二、 男装单品色彩设计的原则

在多数人的印象中,男装色彩总体上给人以灰暗的感觉。时至今日,还有观点认为黑、灰、蓝等凝重的色彩似乎就是男装的主色调,男装无需色彩设计。这样的观点过于片面,事实上男装也经历了巴洛克时代和20世纪60年代的美国孔雀革命时代,男装领域探索性地呈现出一系列糖果般丰润鲜亮的色彩,水蓝、茄紫、粉红、浅酒红、嫩黄、绯红、绿、橙等,伴随着各式闪亮的珠片、图案、绣花等装饰,传统观念上沉闷的男装色彩越来越向亮丽、丰富的方向发展(图5-2)。

图5-2 绚丽多彩的 Jil Sander 男装

男装单品设计中,需要按照男装单品的分类来考虑服装色彩的选用原则。比如同样是男装单品,夏装与冬装的选用色彩会有所区别。夏季单品因为季节环境的原因在色彩选择上有着更大的空间余地,消费者的色彩接受范围和程度也相对更大。男装单品设计中色彩的选择需要从视觉因素、心理因素以及色彩的整体协调等角度来进行考量。

在男装单品的色彩选择运用中,还需要根据服装穿着人群和穿着季节、穿着场合、职业特征等方面考虑所选色彩的适合性,考虑设计对象的生活方式、文化水平、审美标准、兴趣爱好、个体的体型肤色特征等因素。通常来说,年轻人、儿童、运动服等多用鲜艳的色彩,老年人及医护人员的服装常用沉稳的色彩(图5-3)。

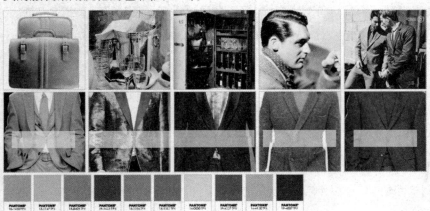

图5-3 某品牌男装单品设计的色彩企划

三、 男装单品款式设计的原则

相对于女装来说,男装在款式设计上的变化更为含蓄和内敛,其变化的进程也相对较为缓慢。现今生活水平相对高涨的男装消费者无疑需要更多价廉物美、个性时尚的男装款式来满足自身的穿衣搭配需要,因此这种来自于消费市场的切实需求,对从事男装设计的设计师来说既是机会和动力,亦是责任和压力(图 5-4)。

图 5-4 Jean Paul Gaultier 品牌风格男装款式设计(2015 春夏)

男装单品设计中的面料设计、色彩设计和结构设计最终都需要以款式造型来呈现。男装单品款式设计包括服装的外轮廓设计、内部结构设计、零部件设计、细部设计、材料的配伍设计、色彩搭配设计等。设计师需要把握品牌风格、流行趋势,针对目标人群的年龄段、消费心理、着装季节等因素进行设计研发,并根据消费人群的消费水准,选择适合的面料和制作工艺,设计出适合的服装,以适合的价格水平来满足消费者的需求。

第三节　男装单品设计

　　男装单品按照不同的分类标准存在着很多不同的品类,涵盖了不同年龄段、不同季节穿用、不同材料、不同民族、不同服用功能的男装单品类型,不胜枚举。下文将以一些典型男装品类为例介绍常用男装单品的具体分类与设计方法。为了便于表达相关单品的设计方法与设计图示,在单品设计范例中列举了男装项目课程中学生设计的部分款式并加以说明。

一、礼服

　　男士礼服指的是在出席比较正式的场合或参加某些社交礼仪活动时穿着的男装,这种服装俗称为礼服。在正式的社交场合穿着礼服不仅是自身价值与个人修为的体现,更是对他人的一种尊重。地球上各个国家和地区的不同民族都有本国或者本民族的传统礼仪服饰,礼服的样式很难有一个统一规定,但是随着地球村的出现,礼服约定俗成的规范化识别符号、款式结构以及与之相适应的着装礼仪越来越趋向于统一,成为一种社交语言,在不同国家、地区、民族间的交往中形成了一种着装的礼仪规范(图5-5)。

图5-5　社交的礼仪装束

　　因礼仪级别的高低不同,礼服在着装时间、地点、场合等方面有着明确的区分,即通常所说的TPO原则(Time、Place、Occasion)。礼服着装TPO原则最早并不是由欧美国家提出的,而是在1963年由日本男装协会(Japan Man's Fashion Unity,简称MFU)作为该年度的流行主题提出的,其目的是在日本公众之间尽快树立最基本的现代男装国际规范和标准,以提高国民整体素质。TPO原则在日本国内迅速推广普及,并且为欧美和国际社会所接受,成为了通用的礼服着装原则。

　　一直以来,男士服装的设计发展变化都是缓慢于女士服装的,这与男女两性在社会生活中所处的不同角色特征有着一定的关系。社会对于男性及男装的认同多以成熟、稳重、内敛、简洁、大方等词为基准,同样,男装礼服在款式设计及形制等方面的发展缓慢也和它保持了相当多的禁忌有关,着装礼仪级别与规格等方面的规范要求为礼服设计框定了诸多范畴。就礼服设计的面料而言,在面料的色彩、材质、花色、图案、工艺以及搭配方式与穿用时间等方面有着严格的规范,讲求面料特性与礼服类型的正确匹配。如燕尾服面料首选黑色,为了增加晚礼服在夜晚灯光照耀下的华丽感,驳领采用黑色的丝绸织物;使用深蓝色面料时,驳领采用深蓝色丝绸。常用的面料有礼服呢、驼丝锦等质地紧密的精纺毛织物,内部里料以高级绸缎为主里料,袖里采用白色杉绫缎。袖筒在肋下内侧与袖窿相连处附加两层三角垫布,以减轻腋下摩擦,同时又具有吸汗的作用。为了使胸部呈现漂亮的外观和自然的立体效果,通常在胸部加入马尾衬,以增加弹性并产生容量感,背部到燕尾部分采用宽幅平布或薄毛毡的衬布,前后呼应,达到整体的挺括感。裤子采用与上衣同色、同质的面料,侧缝用丝绸嵌入两条侧章,领结和扣饰采用白色,领结采用麻质材料,衬衫是白色双翼领衬衫,胸部 U 字形部分采用面料上浆硬衬工艺。礼服涉及的款式众多,鉴于篇幅所限,本文在此只列举燕尾服设计制作时的面料选择相关知识做简要说明(表5-1)。

表5-1　礼服分类设计

正式礼服	半正式礼服	便装礼服
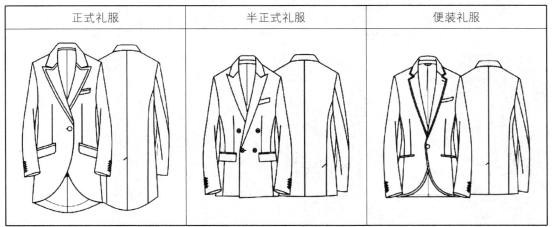		

二、西装

西装又称"西服"、"洋装"。西装是一种舶来品,在中国,人们多把有翻领和驳头,三个衣兜,衣长在臀围线以下的上衣称作西服,这显然是中国人民对于来自西方的服装的称谓。西装广义指西式服装,是相对于中式服装而言的欧系服装。狭义指西式上装或西式套装。西装通常是公司企业管理人员在较为正式的场合男士着装的首选。西装之所以长盛不衰,很重要的原因是它具有深厚的文化内涵,西装常常被人们打上"有文化、有教养、有绅士风度、有权威感"等标签,成为男士出入礼仪场所中约定俗成的主要装束。西装一直是男性服装王国的宠儿,西装革履常用来形容文质彬彬的绅士俊男。西装的主要特点是外观挺括、线条流畅、穿着舒适。若配上领带或领结,则更显得高雅典朴(图5-6)。

一般来说,男式西装的面料以毛料为首选。三件套和两件套的西装适合选用全毛精纺、驼丝锦、牙签呢、贡呢、花呢、哔叽呢、华达呢等。单件西装休闲感稍强,面料选择范围比较广,除了华达呢、花呢、麦尔登、海军呢、粗花呢等毛料,还广泛采用其他比较新颖的材质,比如仿毛、毛涤、兔毛、亚麻等织物,也有休闲西装用到了法兰绒、灯芯绒、棉麻织物等更加休闲舒适的面料。

图 5-6 不同风格与色彩的西服设计

　　西装的着装形式有着程式化的规范特征。一般在较正式的场合下,男式西服以稳重、朴素的色系为主,如黑色、深蓝色、藏青色、驼色等。同时,西装的整体色彩搭配和选择也有内在的规律。以黑色或者深蓝藏青色系的西服外套为例,搭配白色衬衫和藏青色斜条纹领带,表现出庄重的仪表,适合各种较正式的场合;搭配白底蓝色条纹衬衫和较鲜艳色调的领带,表达健康、明朗的气质,适合温暖的春夏季节;搭配浅粉色衬衫和深灰色领带,显得较为高雅。总之,西装的色彩和搭配有着一定程式化特点,不过,在非正式场合,运动休闲西装的色彩搭配比较自由多变,不受这些框架所限(表5-2)。

表 5-2　西服分类设计

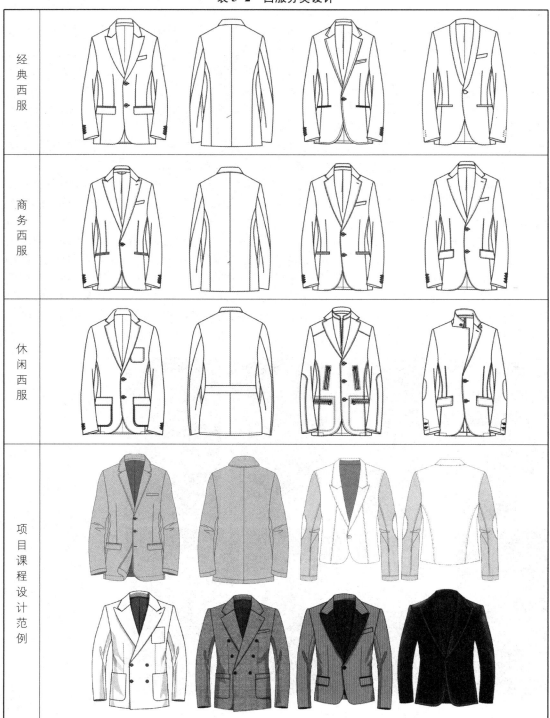

经典西服				
商务西服				
休闲西服				
项目课程设计范例				

三、夹克

夹克是指衣长较短、胸围宽松、紧袖口克夫、紧下摆克夫式样的短上衣,男女都能穿着。夹克衫是人们现代生活中最常见的一种服装,轻便、活泼、富有朝气,为广大男女青少年所喜爱。除了职业着装等因素以外,从服用比例上来说,男性选择夹克作为日常穿用服装的比例远大于女性消费者,可以说夹克是男性消费者的主要着装单品之一。

面料是夹克衫的主要设计元素。因夹克风格类型、功能用途等方面的不同,加之夹克轻松随意、便于搭配、自由舒适的内在特质和外观感受,所以在设计时对于所用面料的取材有着较多的选择余地,除了要把握夹克本身所具有的内在特质和外观感受外,更需要针对夹克的类型分类取材设计,使得所选用面料特性与夹克风格类型相互匹配,相互依托,从而使服装整体风貌和谐而统一。例如在设计商务夹克时,需要考虑着装者的穿衣用途、穿衣场合、年龄、职业特征等方面,需要将夹克的设计风格与商务人士的职业特征和商业活动的性质等方面结合起来考虑,除了要考虑外廓形及内部细节设计不可过于夸张造作外,还需要考虑所用面料的特征属性,通常来说多采用质量上乘,外观挺括紧实的梭织或者皮革面料,合成材料在商务男装夹克中也是较为常用的材料之一。毛织面料因其织造方式等原因,其整体外观多显得松散、休闲而较少采用。随着织造工艺的改良,毛织面料在商务夹克设计中亦有应用,具体应用需要视所设计商务夹克的风格类型而定,比如休闲商务夹克和经典商务夹克的选料显然是不同的,通常在经典商务夹克设计中整装运用毛织面料作为主体材料的并不多见,更多的是与其他材料的拼接设计(图 5-7)。

图 5-7　不同风格与色彩的夹克设计

　　而设计运动风格夹克时,在面料选择上除了需要把握运动夹克的运动、力量、速度、休闲等特征以外,还需要区分日常穿着的休闲运动夹克与专业运动夹克之间的用料区别。日常休闲运动夹克一般选用透气、轻便、具有弹力的针织面料作为主料,并通过细节和功能设计来塑造运动夹克的整体风格。专业运动夹克则需要根据项目类别选择相应功能的面料以及相匹配的裁剪结构设计(图 5-8、表 5-3)。

图 5-8　机车夹克

表 5-3　夹克分类设计

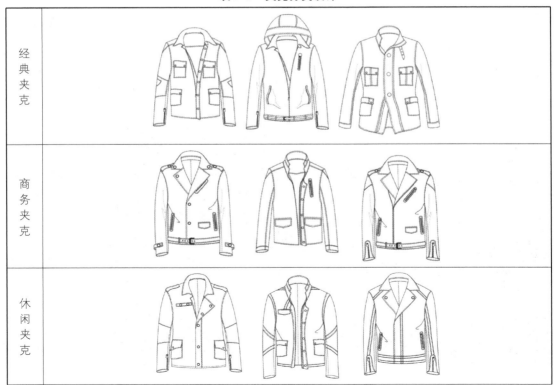

经典夹克	
商务夹克	
休闲夹克	

续　表

项目课程设计范例

四、衬衫

衬衫是穿在内外衣之间的上衣,也可单独穿着。对于男人来说,衬衫从贴身内衣到内搭再到外套的演化,逐渐确立了衬衫的基本形制与结构特征,其穿着方式也随着不同的搭配方式而基本确立。例如在现代男士西服套装中,衬衫与马甲和西服外套搭配穿着,领子和袖口外露,衬衫袖口需长于西装外套袖口 1 厘米左右,已成为一种固定的服饰礼仪与文化的组成部分。就现代男士特别是商务白领人士来说,衬衫俨然已成为衣橱必备服饰之一,视季节不同既可以单穿又能与外套搭配,既能在办公室穿,也可以穿去参加派对,只要选对款式与风格,即能很好地通过这一简单的服装单品塑造出完美的自我形象(图 5-9)。

图 5-9　适应不同着装场合的衬衫设计

　　男衬衫十分讲究面料和色彩,需要兼顾美观与舒适。通常来说越好的衬衣,越需要上好的面料与之相匹配。日常生活中男士衬衫选择全棉面料较多,一般用高纱支面料来制作的衬衣可达到绝大部分人的穿着需求。麻织物因其透气吸汗的性能也常常作为男士衬衫夏秋季节用料。普通衬衫的面料多为涤棉混纺府绸和细纺平布,长丝织物、提花织物和牛津布也常被应用。另外,高科技材料如防皱免烫的棉混纺材料受到广泛欢迎,采用烂花技术的棉织物等新型艺术化材料也在时髦前卫的衬衫上一展风采。除非需要经常出席上流社会的聚会,否则不要轻易选择丝绸面料的衬衣。表 5-4 为不同形式和命名方式的衬衫领型对照表。

表 5-4　衬衫领型对照表

名　称	领　型	特　征
标准领 (regular collar)		领型虽也因流行而变,但一般变动不大,大体上领尖长(从领口到领尖的长度) 在 85~95 mm 之间,左右领尖的夹角为 75°~90°,领座高为 35~40 mm。这种领型适合系小温莎结的领带
宽角领(wide- spread collar, 也叫温莎领)		领尖长略长于标准领,领尖的夹角比标准领大,一般在 100°~140°左右,极端者可达 180°,领座高也略高于标准领。这种领型适合系温莎结形的领带,一般与英国式的西服相搭配
纽扣领 (button-down collar)		领尖有扣眼,衬衫前衣片上有扣子,可以固定领尖。典型美国式衬衫领的领尖长度多样,有的较长,领尖中央呈曲线状拱起(称作 rolled button-down) ,也有的领尖中央不拱起(称作 flat button-down) ,还有的领尖长较短(称作 short button-down) 。此类领型的领尖夹角一般等于或小于标准领型,因此适合系小温莎结或普通结的领带
有襻领 (tad collar)		左右领尖底部钉有襻儿,此襻儿在中间扣合,领带从襻儿上通过,领带结正好搁在这个襻儿上。这是进一步封紧脖口的一种十分讲究的领型,襻儿在这里还担负着挑起领带的作用。这种领型因夹角较小,所以一般适合系普通结的领带
针孔领 (pinhole collar)		领尖开小孔并别上领针,用于固定衣领。领片别上领针后可使打上小结的领带显的更立体,更不容易变形。按照领尖造型不同,分为圆角针孔领和尖角针孔领
方领 (short point collar)		也叫短尖领,即领尖长较标准领短,但领尖的夹角与标准领相同,故一般适合系小温莎结或普通结的领带

名　称	领　型	特　征
圆角领 （round collar）		一种古典领型，泛指领尖裁剪成圆角状的领型。由纯白素面领片和袖克夫及不同颜色或图案的衣身构成的传教士衬衫广泛采用这种领型，也有领子和衬衫一色的。圆角领衬衫是一种正式衬衫，佩戴领带领结都可以，非常正式的场合和一般场合都可以穿
翼形领 （wing collar， 也叫燕子领）		立领的前领尖向外折翻，因形似鸟翼而得名，这是燕尾服、晨礼服、塔克西多等礼服用衬衫上常见的领型，一般系蝴蝶结而不系普通领带
立领 （standup collar）		只有领座部分而没有翻领，因形似带子，故也称作 band collar。这种领子的衬衫一般不系领带，多用于搭配活泼轻松的休闲风西服

现今为满足不同消费者的衬衫穿着需求，衬衫款式设计可谓花样繁多、琳琅满目。按照不同分类方式存在着很多衬衫类型，按照领型分类的衬衫命名有标准领、温莎领、纽扣领等，按面料分类有纯羊毛衬衫、全棉衬衫、涤棉衬衫、毛混纺衬衫等。而按照穿着用途或者穿着场合的不同可以分为经典衬衫、礼服衬衫和休闲衬衫三种(表5-5)。

表 5-5　衬衫分类设计

经典衬衫	
礼服衬衫	
休闲衬衫	

续 表

<table>
<tr>
<td rowspan="2">项 目 课 程 拓 展 设 计</td>
<td colspan="4">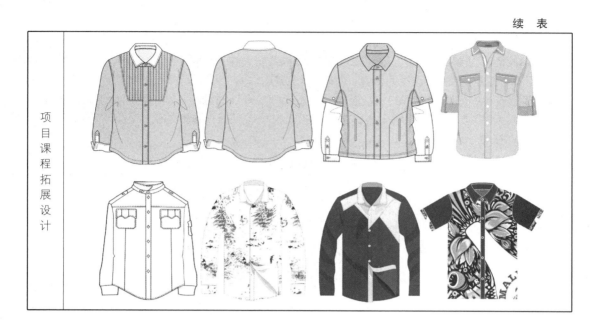</td>
</tr>
</table>

五、大衣

男士大衣是宽松度比较大的男士外套的总称。这是一种外穿型服装,是男士冬季御寒或者适应特殊工作环境需求的主要服装品类,通常具有防寒、防风等功能。生活中常常将衣长过臀的厚外套都笼统地称为大衣,由于其外轮廓常常以剪影的方式给人留下深刻的视觉印象,并且传递出风格特征、造型风貌等信息,因此大衣的廓形设计是大衣设计的重要内容之一,对大衣进行基本廓形分析可以使设计展开更具目的性。男装大衣常用廓形有 T 形、H 形、V 形、X 形和梯形这五种(图 5-10)。

图 5-10 不同风格的大衣设计

　　大衣的穿着季节因素决定了男装大衣选择的面料通常需要具有保暖御寒的基本功能,随着男装消费者对于生活质量的越来越重视,他们对于大衣产品的塑型保型的要求也越来越高。常见的有用厚呢料裁制的呢大衣;用动物毛皮裁制的裘皮大衣;用棉布作面、里料,中间絮棉的棉大衣;用皮革裁制的皮革大衣;用贡呢、马裤呢、巧克丁、华达呢等面料裁制的春秋大衣(又称夹大衣);在两层衣料中间填充羽绒的羽绒大衣等。设计师在设计时选用不同的面料会对大衣的最终风格产生很大的影响,例如运用皮革材料制作的大衣与运用棉布制作的大衣在风格外形和气质方面显然存在着不同的效果。

表 5-6　大衣分类设计

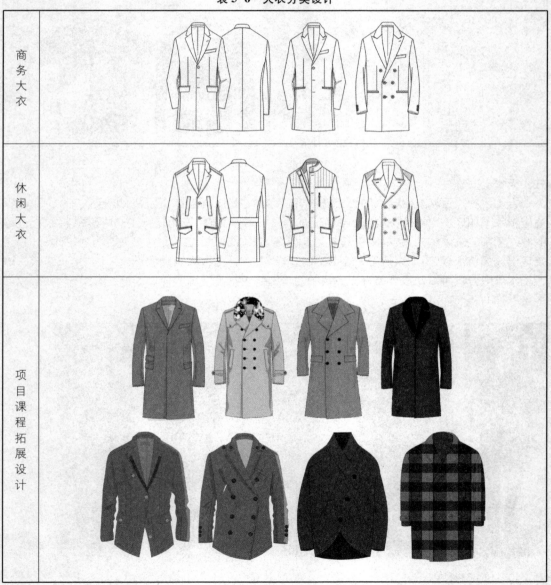

　　随着人们穿衣理念的改变,特别是暖冬气候的经常性出现,人们对于面料厚实的大衣消费需求变得不太重要,尤其是在其他冬季服装保暖性更加良好的今天,大衣之类的穿着频率不高的单季节服装更加需要在面料设计上投入大量的科研实践,注入更多时尚元素,采用既能保暖又能适当调节温度的服装材料,通过改变材料的设计和改善材料的性能增加大衣的穿着时间和穿着频率,从而取得更大的市场空间。

六、棉衣

　　棉衣是冬季男装主要产品之一,其功能以御寒保暖为主。通常在制作时会采用绗棉或者填充丝棉、羽绒等材料,由于此类材料较为蓬松,纤维之间存在相对较大的空隙,对热的传导、对流和辐射效果不好,在织物中间形成不易对流的静止空气层,而空气是热的不良导体,不容易产生热交换,能够防止热量散失,从而使人感到温暖(图5-11)。

图5-11　男士棉衣搭配造型设计

　　棉衣的设计变化通常是在满足保暖御寒等基本功能需求的基础上展开设计的,按照服装样式分类可以将棉衣分为大衣样式、户外样式、军装样式、旅行样式、工装样式等,按照款式特点分类可以分为夹克型、棉袄型、大衣型等,按照穿着场合及设计风格可以分为经典棉衣、商务棉衣、休闲棉衣等(表5-7)。

表5-7　棉衣分类设计

经典棉衣	

续　表

商务棉衣	
休闲棉衣	
项目课程拓展设计	

七、风衣

　　风衣一词,在英语里有着不同的解释:Trench Coat、Wind Breaker、Duster、Hoodle,甚至是 Cagoule。款式不同,穿着的场合亦有分别。当然,从时尚的角度而言,风衣早已超越了抵挡寒风的功能。人们日常穿着的风衣多为 Wind Breaker,一种防风雨的薄型大衣,又称风雨衣,适合于春、秋、冬季外出穿着,既可以遮风挡雨,又可以防尘御寒,是近年来比较流行的服装。由于造型灵活多变、健美潇洒、美观实用、携带方便、富有魅力等特点,深受中青年男女的喜爱,老年人也爱穿着。风衣自诞生以来一直是男女服饰的主要单品,而使风衣得到大力推广的重要事件之一即战争。第一次世界大战时西部战场的军用大衣被称为"战壕服"。战后,这种大衣曾先在女装中流行,后来有了男女之别、长短之分,并发展出束腰式、直统式、连帽式等形制,领、袖、口袋以及衣身的各种切割线条也纷繁不一,风格各异,呈现多样化的状态。

　　风衣以其英挺大气的廓形和舒适实用的功能成为男士衣橱中必备的单品。无论是风衣的款式内涵还是风格设计,都能够给着装者带来非凡的自信。按照不同的分类标准风衣亦存在着多种形式的款式类别,按照穿着季节可以分为春秋风衣、冬季风衣,按照穿着用途或穿着场合可以分为户外旅行风衣、制服风衣、商务风衣、休闲风衣,按照设计风格倾向可以分为经典风衣、时尚风衣等(图 5-12,图 5-13、表 5-8)。

图 5-12　Burberry 风衣的经典款式与现代设计

图 5-13　适应不同场合的风衣设计

表 5-8　风衣分类设计

经典风衣	
商务风衣	
休闲风衣	
项目课程拓展设计	

八、马甲

马甲即无袖上衣,也称为背心。马甲成为男子正式服饰始于17世纪,当时是用绸缎和丝绒做成的。原先马甲的颜色较浅(通常是白色),后来出现了绣有精细的风景、花卉、动物图案的马甲,用金银、瓷釉作装饰扣,穿着时马甲上面几粒是扣住的。马甲是男性着装构成中较为普遍的一种搭配方式,特别是在传统的西式套装中是不可缺少的礼仪服饰。随着生活观念和着装理念的改变,这种墨守成规的方式也逐渐被改变,市场上出现了不同形制的马甲和相应的穿着方式。依据款式和着装搭配、服用功能等,马甲一般可分为礼服马甲、休闲马甲和职业马甲三种类型。

制作面料视马甲的类型不同而异,通常礼服马甲的前片需采用与西服套装、西裤同一材质的配套面料制作,多采用与套装相同的颜色,视礼服的搭配礼仪不同,也有采用银灰色同质面料制作的,如晨礼服。套装马甲的后背则通常采用与套装里料相同的材质和颜色的里衬材料来制作(图5-14)。

图5-14 不同风格与着装搭配的马甲设计

而休闲马甲的面料选择范围则广泛很多,市场中常见的有色织面料、格纹面料制作的马甲,有皮革材料制作的皮马甲,有各种混纺面料制作的马甲,也有牛仔面料制作的休闲马甲,习惯上也称为牛仔背心。职业马甲因为职业特点的功能需求,通常采用厚实、耐用的面料,还需要具有抗皱、耐脏、防水等功能,比如摄影马甲通常需要面料具有防水功能,各种不同风格的面料构成了休闲马甲的不同风貌,使得男装消费市场变得更加丰富,也使得消费者的穿衣搭配有了更多的选择(表5-9)。

表 5-9　马甲分类设计

礼服马甲	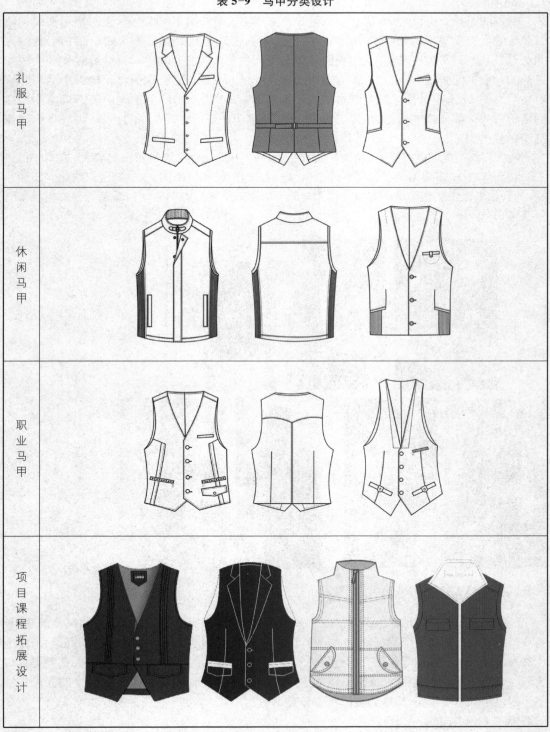
休闲马甲	
职业马甲	
项目课程拓展设计	

九、裤子

　　裤子是指包裹双腿且有裆部结构设计的下装单品。裤子作为现代男装中最为主要的下装单品,在男装设计中有着非常重要的地位。男裤需展现男性阳刚之美,所以十分注重整体造型而不宜有过分琐碎的装饰。常规男裤最大的特点是合身、精致,以此来体现男性的干练阳刚。男裤造型种类不多,但也会受流行时尚的影响变化出一些流行时尚的新款。总的来说,裤子从整体到局部的造型组合具有三种基本形式:①裤子的外轮廓有圆锥形(V 形)、喇叭形(A 形)、直筒形(H 形)三类,并与齐腰、中腰和低腰的结构对应出现。②侧插袋的三种形式为直插袋、斜插袋和平插袋,裤后开袋有单嵌线、双嵌线和加袋盖的双嵌线袋三种基本袋型。③裤子腰部的褶裥有双褶、单褶和无褶三种形式(图 5-15)。

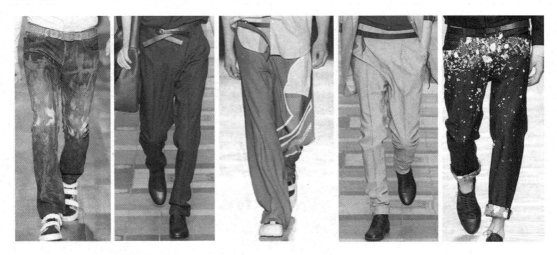

图 5-15　不同风格的裤装设计

　　男裤的种类十分丰富。如从长短上有长裤、九分裤、七分裤、中裤、短裤之分;从功能上有马裤、滑雪裤、运动裤、工作裤、睡裤等之分;按照所用材料可分为牛仔裤、皮裤、毛料裤、真丝裤、毛线裤等;按照版型和款式可分为直筒裤、喇叭裤、萝卜裤、灯笼裤、铅笔裤、阔腿裤、打底裤等裤型;按照穿着场合及设计风格可分为经典裤装、商务裤装、休闲裤装等。在部分国家和地区男士也有穿着裙裤的习俗(表 5-10)。

表 5-10　裤装分类设计

经典裤装		

续 表

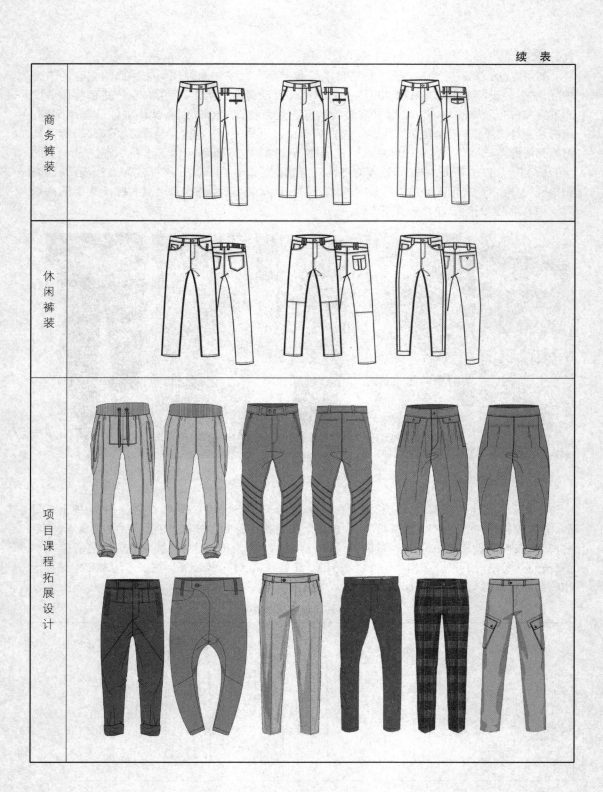

十、T恤

T恤是 T-shirt 的音译,也称文化衫、汗衫。关于 T 恤的起源目前尚无公认定论,据资料记载,T 恤最初是 17 世纪美国安拉波利斯码头的卸茶工人穿着的一种短袖衣,人们就以"茶"的英语"tea"的首字母"T"来作为称呼。如今 T 恤已是春末、夏季、初秋时节男士除了衬衫以外的主要服装,以其自然、舒适、潇洒又不失庄重之感的优点而逐步替代了昔日男士内穿背心或汗衫外加一件短袖衬衫出现在社交场合的造型,与牛仔裤或休闲裤构成全球流行、穿着人数最多的服装搭配形式。通过适合的图案、文字、徽章设计,使得 T 恤适合不同年龄层次和各种职业的人群穿着,有着庞大的消费市场。现今 T 恤不但已成为一种消费巨大的服装类型,更成为反映人们精神风貌和文化品位的重要载体,其作用更是超过了时装的范畴,成为人们社会生活、文化风尚的重要内容(表 5-11、图 5-16)。

表 5-11　T 恤设计

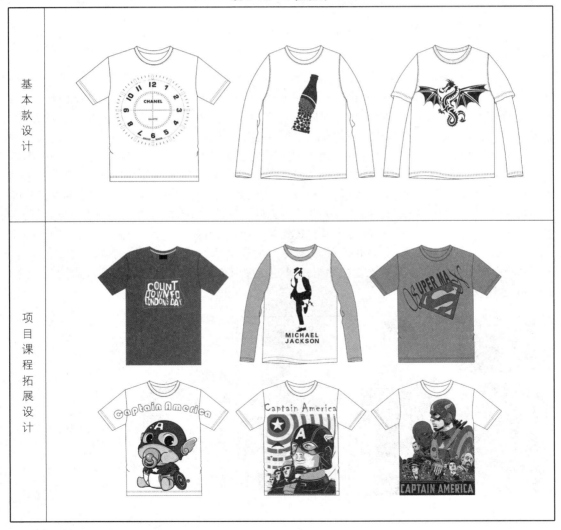

图 5-16　T 恤已成为男士穿衣的必备品之一

十一、Polo 衫

　　Polo 衫原本称做网球衫。最初是由法国 7-time Grand Slam 杯前网球冠军 René Lacoste 于其品牌 Lacoste 推出的有领运动衫。打网球时运动员挥动球拍,上半身会不断扭转,所以 Polo 衫的设计便以不用扎进裤子里为前提,做出了后长前短且侧边有一小截开衩的下摆设计。此种下摆设计也能避免穿着者在坐下时,因 T 恤前摆过长而皱起来的情况。Polo 一词是英文中马球的意思,马球运动是一项贵族运动,参与者通常穿的是源自网球衫的短袖针织运动衣,而将这种运动衣演变成为大众服式是拉尔夫·劳伦(Ralph Lauren)的功劳。这位生于纽约的美国设计师十分羡慕和崇拜英国贵族浪漫典雅而悠闲的生活方式,但在设计上并未盲目地选择和模仿英国贵族过分严谨讲究的服饰装扮,而是捕捉到马球运动衣所体现出的生活上的高品质和气质上的不平凡,并融合了美国民族自由开放的性格,创造出融传统的优雅与现代的时髦于一体的 Polo 全棉针织 T 恤。此后,凡是这种样式的上衣,无论是什么品牌,人们都称为 Polo 衫,它已成为一种永恒的经典。其基本款式为半开襟、三粒扣的针织翻领衫,袖口有罗纹收紧,有短袖和长袖之分(图 5-17)。

图 5-17　Polo 衫设计

现今这种有领 T 恤已经从网球、马球、高尔夫、帆船运动衫发展成为大众休闲运动服,更成为男士高尔夫的礼仪着装。Polo 衫比无领 T 恤多一份严谨认真,比衬衫又少一份拘束紧张,是春末、夏季、初秋男士重要的服装单品之一(表 5-12)。

表 5-12　Polo 衫设计

十二、卫衣

卫衣诞生于 20 世纪 30 年代的纽约,当时是为冷库工作者生产的工装。卫衣舒适温暖的特质逐渐受到运动员的青睐,不久又风靡于橄榄球员和音乐明星中。至 70 年代,Hip-Hop 文化开始兴起,卫衣成了亚文化叛逆的象征,年轻人觉得套上帽子遮住面容的同时,能将自己的灵魂与世隔绝,*Vogue* 杂志的撰稿人 Sarah Harris 将"卫衣"比作"躁动的少年"。Hip-Hop 文化在 90 年代末成为流行文化中不可抵挡的一股力量,汤米·希尔费格(Tommy Hilfiger)和拉尔夫·劳伦等设计师开始在自己品牌中推出印有大学 logo 的卫衣产品,继而 Gucci 和 Versace 这些高端品牌也将卫衣加入产品线。卫衣兼顾时尚性与功能性,融合了舒适与时尚,成为年轻人街头运动的首选(图 5-18)。

图 5-18　风格自由的卫衣设计

　　卫衣设计要点主要集中在数字和英文字母的 logo 设计以及各种印花、植绒、织绣等工艺的图案设计与配色设计。男式卫衣款式有套头、开胸衫、长衫、短衫等,以时尚舒适为主,多为商务休闲、运动休闲风格。卫衣只作为日常休闲服饰,不作为男式正装。除了日常居家和户外休闲着装外,卫衣也是各种休闲有氧运动的主要着装,适合跑步、山地车、越野、健身、瑜伽等运动(表 5-13)。

表 5-13　卫衣设计

十三、毛衫

毛衫是由动物毛、植物纤维或合成纤维制作的毛线通过手工编织或针织机器加工制作而成的一类服装,俗称毛衣。机织毛衣通常是在平型纬编机上生产,通过放针和收针,根据需要直接编织成衣片,然后将衣片缝合成毛衣,一般不需要裁剪。市场中也有一些毛衣产品是通过将大幅的毛织材料裁剪为衣片再缝制成毛衣的,这种工艺较多地用于生产相对低档的产品。手工编结毛衣是毛衣的一大特色产品,通常使用竹制棒针或金属钩针手工编结而成,可以根据个人的喜好设计花样,通过收放针数控制服装的宽松程度、款式类型、花纹图案等,手工毛衫具有独特的风格,深受消费者的喜爱(图 5-19)。

图 5-19　毛衫设计与穿衣搭配

毛衫具有柔软、舒适、保暖的特点,是春秋冬三季男装的主要品类。市场中流行的男士毛衫包括很多种,其分类以及命名方法的主要依据是所用毛纱材料,以下将对这些毛衫种类及相关属性做进一步的介绍。羊绒衫是以珍贵的山羊绒为原料的毛衫。根据纱线粗细分为粗纺羊绒衫和精纺羊绒衫两种,根据原料比例可以分为纯羊绒衫及混纺羊绒衫两种。羊绒衫又称开士米衫,较羊毛衫轻,保暖性好,手感特别软糯。外销羊绒衫一般用纯羊绒制成,内销羊绒衫一般用85% 羊绒,15% 锦纶混纺制成,按该比例混纺后牢度比纯羊绒衫增加一倍。兔毛衫为毛衫中具有装饰性的高档品种,采用兔毛或兔毛与羊毛混纺纱线制成。兔毛衫质地轻盈蓬松,手感轻柔滑糯,有特殊光泽,保暖性比羊毛衫好,其表面有较长的毛绒,刚而不刺,其缺点是穿着时表面绒毛易脱落。马海毛衫以原产于安格拉的山羊毛为原料,其光泽晶莹闪亮、手感滑爽柔软有弹性、轻盈蓬松、透气不起球,穿着舒适、保暖耐用,是一种高品位的产品,价格较高。腈纶毛衫采用毛型腈纶纤维纺成纱织成,色泽鲜艳,轻盈保暖,坚牢耐穿,易洗快干,但易起毛球、易脏、弹性差。驼绒衫为中高档毛衫,其表面绒毛稠密细腻,手感柔软,弹性、保暖性好,穿着不易起毛起球,洗涤不易收缩、变形。雪兰毛衫最初以原产于英国雪特兰岛的雪特兰羊毛为原料,混有粗硬的枪毛,手感微有刺感,雪兰毛衫丰厚蓬松,自然粗犷,起球少,不易缩绒,价格低。后来市场上将具有这一风格的毛衫通称为雪兰毛衫,因此雪兰毛衫已成为粗犷风格的代名词。

随着市场消费和流行趋势的变迁,毛衫设计时装化日趋明显,设计师通过将毛针织物与梭织物混搭设计出更多不同风格和形式的毛衣产品。例如将皮革材料拼接应用于男装毛衣的肩部、育克、袖口、口袋等部位以提升毛衣产品的品质和档次(表 5-14)。

表 5-14　毛衫分类设计

经典毛衫	
商务毛衫	
休闲毛衫	
项目课程拓展设计	

　　男装单品按照不同的穿着场合和穿着季节，还有诸如派克、内衣、春秋衣等其他品类，鉴于篇幅所限并未展开介绍，可参见本系列教材中其他书中的相关内容。

第四节　男装系列产品的概念

伴随社会经济的发展以及男装市场的日益繁荣与成熟,消费者对于男装产品的消费需求也日益多元化,加之大众服饰审美水平的日益提高,消费者对于男装不再满足于某种或某几类单品的消费需求,而是更加注重于款式之间的搭配组合,通过不同搭配形式和方法呈现出统一而又多变的着装效果,更体现出着装者对于服饰整体搭配的理解与审美。各男装服饰品牌在推出新品时也是以整体的系列化产品的形式,通过陈列展示,将产品的搭配理念和搭配方式传递给目标顾客。在世界五大时装中心的历年新品发布上,除了个别高级定制品牌以较多的单品发布产品外,绝大多数品牌都是以系列化的服饰产品诠释品牌对于新一季流行的认识与理解,从而引导消费趋势,传达品牌文化及设计理念。

一、 男装系列产品

(一) 男装系列产品的概念

男装系列产品指的是若干件或若干套男装产品,从设计手法、创意风格、元素组合、设计理念等方面存在着相互关联的、有序的、和谐的美感特征,产品呈现较为统一的视觉特征、穿着方式和状态。

(二) 男装系列产品的构成

随着社会经济的繁荣与市场需求的日益多样化、多元化,因生活观念、消费观念的不断更新变化而产生的新的、不同的生活方式及需求,对男装市场的款式革新起到了推波助澜作用,以至于当今男装市场相对于以往也变得越来越品类繁多、款式多样、形制多变,更加丰富多彩。

在商家眼里,男士着装所能囊括和触及的所有服装、服饰品类都包含在男装系列产品构成中,只要有市场需要,商家都会想尽一切办法,以不同的手法来开发男装产品,以引人注目的概念来将它推广到市场中去。因此,男装系列产品的构成既有一个确定的品类范畴,又有一个不确定的品种范围。

男装系列产品品类的构成不但包括春夏秋冬、里里外外、上上下下多种服装品类,有大衣系列、西装系列、裤子系列、内衣系列、夹克系列、服饰系列、配饰系列等,还包括各种男装服饰品,如帽子、皮带、围巾、鞋靴、眼镜、箱包、首饰等,甚至包括一些诸如手杖、洗浴用品、家居用品等相对边缘化的生活用品。

(三) 男装系列产品的特征

男装系列产品的特征为:产品在设计创意、包装组合、陈列展示等方面具有某种相同或相似的元素,并依照一定的秩序和内在关联,构成一个完整的、相互联系的产品体系。在具体系列男装产品中,表现为自成体系而又相互关联的男装单品款式、系列化的规格尺寸和纸样技术以及相同或近似的附件与配饰等组合而成的整体特征(图5-20)。

图 5-20　系列化产品所具有的整体特征

(四) 男装系列产品的作用

男装系列产品的作用有很多,从不同角度来看,其产品功能与作用侧重点会有所不同。

从设计的角度来看:系列男装产品是艺术与技术的结晶,便于设计师将新一季的产品理念通过不同系列的多个单品进行充分的诠释。

从品牌的角度来看:系列化的男装产品是所属品牌将其品牌理念最大化传递给受众的最佳方式,品牌只有通过整体化的产品与服务,才能将其实用功能以及附加的精神价值传递给受众,以获得更多的品牌美誉度和品牌价值。

从市场的角度来看:面对不断变化的消费市场实际需求,市场细分程度日益加剧。面对越来越狭小的细分市场,男装品牌所坚持的单品款式难以满足多元化、多样化消费需求,盈利空间也越发狭小,而采取系列化的产品来扩展产品卖点,在强大的市场竞争中无疑会给品牌带来更多的盈利机会。

从受众的角度来看:消费者对于自己信赖的品牌往往会形成固定的消费观念,消费该品牌产品逐渐成为一种习惯,通常只有该品牌产品难以满足其更多、更高的消费要求时,才会寻找新的目标。很多情况下,受众希望自己青睐的品牌会不断推陈出新,让其不断拥有新的发现,并希望能够在消费中得到身心愉悦的体验。尤其是大多数男装消费者有着较为稳固的购物消费习惯,热衷于类似海澜之家这样的一站式服务理念,通过偶尔几次的消费就可以得到品牌所推出的各类系列产品,省时、省力、省心。

二、 男装系列产品设计

(一) 男装系列产品设计的概念

男装系列产品设计指的是在品牌所拥有的若干个产品类别中,运用相同或近似的设计手法和设计元素,在相同或近似的设计理念、创意风格的统领下进行相应类别的系列设计。在品牌理念的统领下,各系列产品存在着某种内在的关联与秩序,产品呈现较为统一的风格形象与穿着方式、穿着状态。为了丰富产品形象,系列产品设计中有时会采用细分的设计主题,再进行统一品牌理念下的差异化产品设计开发。

(二) 男装系列产品设计的构成

男装系列产品设计是一个相对的大设计概念,从系列产品导入市场的前期分析,到中期设计制造,再到后期销售与服务,整个系列产品设计构成包括对于系列产品设计研发所做的市场调研、产品设计提案规划、销售通路规划以及售后服务跟进等。每个环节皆包含若干个细分构成部分,比如产品设计提案规划就包含有系列设计的主题提案、款式提案、材料提案以及产品架构、相关工艺手段、营销方案等规划内容(图 5-21)。

图 5-21 系列产品在面料、用色、图案以及款式、风格方面的呼应关系

(三) 男装系列产品设计的特征

男装系列产品设计的特征为：设计师在品牌理念和品牌愿景的指引下，结合目标市场的调研分析，对品牌所属的系列产品作系列化的设计研发。在系列产品设计中，各系列产品之间相互关联，多个系列产品中存在着某种或某类设计元素的延伸、扩展和衍化，形成鲜明的关联性产品风格特色，在设计元素的运用、品牌理念的表达等方面表现出较强的秩序感、和谐感、统一感等美学特征。

(四) 男装系列产品设计的作用

男装系列产品设计能够在品牌对目标市场充分调研的前提下，在品牌运作机制能力可承受范围内，以最大化的产品系列设计充分反映本品牌对于目标市场的预判能力、反应能力、供给能力。在男装系列产品设计中，设计师将个人设计才华、设计风格与所服务品牌相互契合，通过多个系列产品来诠释品牌所要表达的生活理念和品牌所引导的生活方式，将品牌产品与受众的生活方式统一于一个整体的品牌理念与产品风格中，而多个系列产品组合又会为消费者提供不同的服装服饰款式搭配组合变换的空间，形成无形的品牌磁场，将品牌受众牢牢网罗(图5-22)。

图 5-22　设计风格统一和谐的系列男装产品设计

三、 男装系列产品品类

(一) 男装系列产品品类的概念

男装系列产品品类是指在品牌整体风格理念的统领下，品牌所拥有的多个男装产品类别。为了便于统一管理，利于整体运作，品牌所涉及的这些产品类别多为系列化的产品设计，多以统一的风格呈现，运用相同或近似的设计手法、设计元素，在相同或近似的设计理念、创意风格的统领下，进行相应的类别系列男装产品设计。品牌产品传递着统一的生活理念，宣扬一致的品牌文化。不过也有部分品牌在进行产品类别拓展中，采用差异化的风格特征进行设计，并运用全新的logo作为标识，以差别化的产品占领更多的细分市场。

(二) 男装系列产品品类的构成

随着经济的发展，市场需求不断扩大，品牌整体设计意识逐渐强化，为了充分利用优良品牌文化所蕴含的市场价值,很多品牌进行了品牌延伸,采用已有品牌作为新产品的品牌来开拓新的市场领域,形成不同的产品类别,丰富了品牌产品系列。

(三) 男装系列产品品类的特征

在系列化开发设计的男装产品类别中,各系列产品在款式造型、设计风格、材料肌理、色彩组合、细节设计等方面都有着统一的品牌理念,为了区分每个品类的设计手法,每个系列的产品类别均蕴含有各自的设计特色,而整体产品类别组合在一起又同属一种风格,给人以整体、和谐的感觉。设计师在不同的设计主题下,将产品开发的色彩、面料、款式构思等方面系统地结合起来,在统一的品牌理念下,更加紧凑地展示出品牌男装的多层次产品内涵,充分表达了品牌男装的设计主题、设计风格以及品牌男装的设计理念。其主要特征即产品与服务的整体化、系列化、品牌化。

(四) 男装系列产品品类的作用

男装系列产品以其整体的系列化产品推进市场,形成强烈的品牌冲击力,特别是一些高端的男装品牌,在产品组合上具有整体优势,产品定位和品牌特色形成鲜明特色,在市场上占据较高的市场份额,品牌系列产品的价格也具有较好的竞争力。在消费者心目中易于形成完整、丰富、立体的品牌印象,产生品牌服装产品消费的趋同心理,使得购买和穿着品牌的系列产品成为一种时尚行为。这种通过不断推出系列产品品类扩张市场份额的男装品牌,在品牌运作呈良性循环趋势时,其不断递增的产品类别,结合优质的品牌内涵文化,更容易在消费者心目中形成消费风向标。需要注意的是,品牌在每一次系列产品品类拓展前都需要进行缜密的市场调研分析,并施以科学的可行性方案,在实际运作中也要严格把控关键点,将系列产品类别拓展引入健康发展的轨道中。如果在品牌运行状态不良的情况下盲目地进行系列品类拓展,会将品牌拖累得疲惫不堪。

第五节　男装系列产品的设计原则

　　区别于单品设计,男装系列产品在设计时更加需要把握整体的概念。任何设计元素,无论是造型方面还是图案花色、面料肌理、款式细节等方面,在运用时都较单品设计需要考虑得更多、更全面。设计师不能只是孤立地思考一个单品的设计元素构成方法,而是需要整体地、成组地考量这些设计元素在整个系列男装产品中的运用比例和具体方式。

一、男装系列产品面料设计的原则

　　在男装系列产品设计中,面料同样具有重要的地位。面料作为系列服装的设计基础和物质体现,能够将设计创意表达出来,同时,面料品质也是男装消费者在消费时考量产品档次的一个重要标准。在网络资源异常发达的今天,款式很容易被抄袭,很多服装品牌是通过定制或买断面料的形式来确保本品牌产品在市场上独一无二的地位,以期达到较好的经济收益目的,可见面料在服装品牌市场中的重要地位。

　　在市场操作中,很多男装品牌为了确保本品牌的市场占有率,提高产品销售量,除了采取定制或买断面料的形式外,更多的是采取对面料进行设计加工的方法来提高产品附加值。在男装系列产品设计中,对面料进行设计加工有两种方式。一是设计师通过二次设计加工的方法,改变面料的原有组织方式、色彩、肌理等属性,而后运用于男装系列产品设计中。例如,采用抽纱的方式改变面料原有组织方式,采用刺绣、雕花、烂花等方式改变面料外观和肌理,采用叠染、漂洗等方式改变面料的色彩效果等。这样,系列产品所表现出来的外部风貌与其他品牌直接运用在市场中所购的同样面料设计的产品相比,显然具有不同的设计效果。同时,面料的二次设计加工也大大提高了系列产品的附加值,增加了产品的设计含量,具有较好的卖点。二是设计师通过一定的设计规划,对面料进行适当的组合搭配,使得系列产品呈现出特别的设计组合效果,从而区别于其他品牌男装产品的设计效果,促进销售的目的,这也是设计的重要作用。

　　在以上所提及的男装系列产品面料设计中,无论是采用对面料二次设计加工后再运用于系列产品设计,还是在系列产品设计中通过面料的适当组合搭配创造新的组合风貌,都需要依托于一定的设计原则才能将系列产品设计做到尽善尽美。在进行男装面料的二次加工时,除了要考虑美学原则外,还要考虑加工成本与实际收益之间的比例。可以说,企业最重要的经营目的是盈利,所以在进行面料二次加工时要把握成本最小化、收益最大化的原则,不可盲目创意,为了设计而设计,将面料加工得华丽至极,设计亮点极多,而在实际销售中却因为加工成本过大而造成产品价格偏高,系列产品因为缺少价格优势而逐渐被市场淘汰出局。而男装系列产品面料设计的后一种方式,除了需要依托品牌理念和产品风格外,还需要把握美学原则和男装消费心理。在系列产品设计中,各设计元素并不是孤立地运用于某一个单品款式中,而是需要在系列产品中得到体现,这就涉及到设计师如何将这些设计元素合理地分配于系列产品中。最终表现出的系列产品风貌,既不是设计元素的按需分发,也不是设计元素的机械堆砌,而是一种内在的和谐与统一。其中既包含强调与对比,也包含对称与均衡、比例与分割、节奏与韵律,而最重要的是在品牌理念下实现设计元素的和谐与统一。当然,面料设计创意还需要辅以相应的男装产品结构和款式细节设计,才能使系列产品设计更加饱满(图5-23)。

图5-23　以面料设计演绎的夏威夷风情系列及其延展设计

二、 男装系列产品色彩设计的原则

　　色彩同样是男装系列产品设计中极其重要的设计元素,无论是在卖场陈列还是具体着装搭配中,系列产品之间的色彩关系可以说一直是品牌男装系列产品提案规划中一个重要的组成部分。在系列产品设计研发之初,品牌设计部门就已拟定若干个设计主题提案,其中就有系列产品的色彩组合设计提案。通常在提案中,品牌设计师会以图文形式表现出系列产品色彩组合方式以及各系列产品之间的色彩搭配比例等方面的模拟效果。再将此色彩设计提案交由相关主管部门进行讨论,结合品牌过往的系列产品市场运作经验和流行色彩趋势等信息以及对目标市场的消费趋势调查与研判,论证系列产品设计的色彩设计提案,包括色相、明度、纯度以及色彩组合方式、分割搭配、应用比例等方面的配置情况。讨论通过的色彩设计提案将作为系列产品色彩设计的参考依据和色彩配置的设计导向。

　　男装系列产品色彩设计的原则是:①系列产品色彩取向以及配置方式与应用比例需要遵循品牌一贯延用的色彩范畴。比如,某些男装品牌自诞生以来,无论流行色彩怎样轮转变化,都一直坚持用黑白两色。②系列产品色彩取向需要以目标市场调研为基础。无视消费市场目标受众的男装色彩取向而闭门造车,会损害品牌经济效益,甚至是社会效益。③系列产品设计色彩取向需要关注包括流行色彩在内的流行趋势。流行趋势往往伴随着新的生活方式、新的消费趋向,而新的生活方式、新的消费趋向意味着新的市场空间,品牌经营者在经过详尽调研后,及时将产品触角延伸至此,将会有更多的收益。

　　以上谈及的男装系列产品色彩设计的原则中,遵循品牌一贯延用的色彩范畴和关注流行色彩趋势看似矛盾,不可同日而语,但是针对不同的品牌运作方式和经营理念来说是不矛盾的,实际运用中,只需把握相互之间的"度"即可,一切以市场需求为判定准则(图5-24)。

图5-24　以矿物质感的大地色系以及森系迷彩图案为主旋律的系列设计(部分)

三、男装系列产品款式设计的原则

　　男装系列产品款式设计是系列男装产品设计的重要组成部分,是服装内部结构设计的表现所在,具体可以包括系列服装中每个单品服装的领、袖、肩、门襟、下摆以及其他局部设计造型部分。

　　男装系列产品款式设计的原则是:①系列服装产品设计研发需要在品牌核心文化理念的统领下进行,产品设计风格需要与品牌一贯坚持的品牌形象相一致,并能够起到促进作用,以维护品牌长期以来在市场上形成的品牌感召力,维护目标受众心里的品牌忠诚度。②系列男装内部款式设计风格需要与外部廓形设计风格相一致或相呼应。服装设计尤其是系列服装设计更应该注重整体设计风格的把握,强调内部款式结构设计的同时,也需要关注外部廓形设计,使其达到整体风格的和谐一致,否则会显得不伦不类。③系列服装内部款式中的局部设计细节之间需要相互关联,主次分明。尤其需要注意系列之中个体之间的相互呼应,局部与整体的相互呼应,设计元素之间的相互穿插。在设计时既要权衡局部之间的和谐统一,又要做到主次分明、轻重有序,使得系列作品款式设计既有丰富的设计内涵,又不至于凌乱繁复。

第六节　主题提案下的男装系列产品设计规划

主题提案下的男装系列产品设计规划是针对产品设计开发所涵盖的相关主题概念设计展开的,一般需要包括男装系列产品设计的主题组合规划、色彩组合规划、面料组合规划、服装廓形确立、结构构成规划等内容。对产品设计的合理规划是产品开发阶段的重要环节,是对品牌系列产品的架构组合企划。产品架构企划是否合理、科学、完整、完善,是否组织得当,是否能够很好地与本品牌产品的市场定位、目标价值相契合,不但体现了设计总监以及所在团队的设计把控能力,更主要的是关乎品牌在市场中的竞争力,在目标受众中的感召力和美誉度。

一、主题组合的设计规划

男装系列产品的主题组合设计规划是对新一季系列产品开发主题的进一步具体规划。与前期企划阶段的主题概念设计相对模糊、抽象、笼统的导向、指引作用相比,主题组合的设计规划则更加清晰、具象、详尽,为品牌新一季不同产品系列的具体设计提供了清晰的设计思路,是将创意主题在系列产品设计中集中化、具体化的过程。市场经验表明,在自主产品开发过程中,经过精心策划的主题组合对于成熟的品牌公司来说非常重要。设计主题组合设计规划是对设计元素的提炼和进一步细化并将其分配于各产品系列设计中,是将表象的感性设计主题概念逐渐转化为理性设计思维的过程,为设计师在后期产品系列深入设计阶段理清了思路,便于设计团队分工协作(图5-25)。

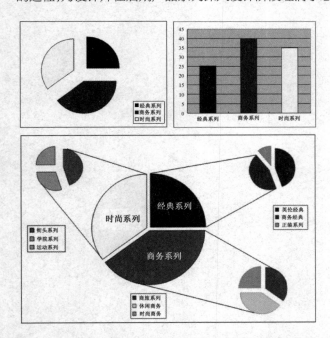

图5-25　某品牌男装秋冬产品设计主题架构及系列细分图(部分)

二、 色彩组合的设计规划

在服装设计中,色彩是除款式、材料、廓形以外,营造服装整体视觉效果的主要媒介。从人们对事物的感知顺序来说,色彩是最先进入视觉系统的,所谓"远观色,近看形"。男装设计开发中色彩的组合规划是对产品系列色彩应用的具体设计企划,不但关系到产品系列的最终展示效果,更重要的是关系到产品上市后消费者的满意度和实际购买决策。

色彩组合设计规划是以品牌产品的经营理念、产品设计风格以及流行趋势和消费者的生活方式等为研究基础的,包括产品系列的色彩秩序、色彩比例、色彩冷暖、色彩强弱、色彩节奏、色彩呼应和色彩层次,关系到服装成品的色彩组合关系。虽然不同的男装品牌在色彩设计中均有各自不同的方法,但是考虑到男装产品的整体用色多为严谨、稳重的色彩理念,富有秩序感的色彩组合设计是最为常用的产品色彩搭配组合方式,色彩序列整体统一的产品系列能够很好地体现各产品系列之间的共性和整体关系。在实际产品色彩组合应用中,多数男装品牌为了保持统一和谐的产品视觉效果,常常在产品设计中采用纯度相近的色彩系列。依据服装产品的设计、营销规律,品牌公司全部产品色彩组合的构成均存在着一定的比例关系,通常会依据过往的销售经验和市场消费现状,将产品色彩划分为基础色、主题色、点缀色,反映在市场销售结果统计分析中又会表现为热销色、平销色、滞销色,而产品设计企划部门需要依据不断更新的资料和过往信息对产品系列色彩组合的比例与层次进行合理规划(图5-26,图5-27)。

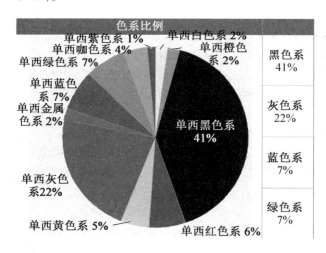

图5-26 某品牌男装秋冬产品设计色彩组合规划(单品西装)

COLOR

17-5641 TPX 15-3930 TPX 16-3007 TPX 15-1157 TPX 16-1632 TPX 11-0602 TPX

图 5-27　某品牌男装春夏都市休闲系列衬衫色彩规划

三、 面料组合的设计规划

面料是构成服装款式的基本素材。无论怎样的创意设计，无论款式简单还是复杂，对于服装来说都需要付诸于面料才能实现和成型，而不是像时装效果图、时尚插画之类只需以绘画、图文形式来表现创意、表达效果即可。服装的色彩、款式及造型都是以面料为主要媒介来体现的，设计灵感也是通过面料组合得以实现的，面料的舒适性、功能性及价格等直接影响着服装的性能和销售。

男装系列产品的面料组合设计规划是对新一季系列产品开发所需面料的具体规划。设计企划部门根据季度产品的设计主题基调，从品牌产品理念和价值定位、消费市场环境变化、目标品牌的产品用料和定价入手，认真研究本品牌的过往销售数据，对新一季产品系列的价格范围和产品档次进行规划。一般来说，系列产品设计所选择的用料需要考虑加上产品开发成本、设计成本、加工成本、营销成本、运作成本、物流成本后产品的定价倍率和利润比例。在其他成本不变且保证产品面料质量的同时，降低面料采购成本，无疑会对提高产品利润有着非常大的影响。除了价格因素，面料的工艺因素也是面料规划设计需要考虑的重要内容，特别是在换用新型面料和缝制加工工艺时，需要通过面料试制和测试了解面料的缝制加工、后处理加工、洗涤、熨烫、保养等方面的相关属性，才能充分了解最后的成衣属性，确保上市产品的质量水平。与设计初期相比，企划阶段的面料概念设计倾向于面料风格描述和定位，面料组合设计则更加注重对系列产品用料的具体企划，主要包括：面料品种、面料克重、潘通色号、组织风格、价格范围和样衣打版用料预算以及不同产品系列之间的面料应用组合搭配比例(图 5-28)。

图 5-28　某品牌男装秋冬产品设计面料组合规划(部分)

四、 廓形组合的设计规划

　　服装传达给消费者的视觉印象,除了前文提及的色彩设计外,当属服装的外轮廓造型设计了。从男装用色规律来说,除了针对目标消费者的穿衣需求和流行时尚而进行的色彩设计以外,多数情况下男装均表现出含蓄、沉稳的用色理念,即便是为了满足市场需求所进行的有彩色系产品设计,多数也会选择稳重的色彩,因此剪影般的外轮廓特征便会显得更加直观明了。

　　男装系列产品的廓形组合设计规划是对构成新一季系列产品的全部单品廓形的具体规划。设计企划团队通过对产品系列的廓形组合设计规划,对新一季服装单品以及由单品组合而成的不同产品系列整体造型特征进行详尽的设计规划。设计师将产品企划阶段确定的造型元素应用于单品设计中,对构成系列产品的单品上装廓形、下装廓形展开设计,并通过相适应的产品内部结构设计和裁剪方式、工艺手段、面料选择将服装外廓造型设计理念表现出来。风格鲜明的产品外轮廓造型设计能够充分表达设计师的季度产品设计理念,设计师通常会将设计元素融合于产品的肩线、胸廓、腰围、摆围、袖型、领口、袖口、臀围、裤缝、脚口等局部款式的风格设计中(图5-29)。

图 5-29　某品牌男装秋冬产品设计廓形组合规划(部分)

五、产品风格与细节规划

男装系列产品风格与细节的规划设计,是对构成新一季系列产品的全部单品的整体风格与内部细节的具体规划设计。设计师依据产品结构规划,通过服装面料和裁剪制作工艺将产品从设计方案效果图转化为立体的实物产品。服装外部和整体风格以及细节设计是设计师完成系列产品设计开发、把握风格特征、表达设计流行和产品理念的载体,而对于系列产品内部结构和造型风格的合理规划则是主题提案下产品细化设计的关键内容(图 5-30)。

① 汗垫的使用

② 松叶套结

③ 领子背面使用花纹接拼

④ 扣襻使用不同面料增加设计的趣味

⑤ 使用衬衫面料的裤腰和口袋里

⑥ 备用扣

⑦ 网眼里子布

⑧ 贴边襻设计

图 5-30 某品牌男装秋冬产品风格与细部设计导向

本章小结

  本章主要围绕男装单品与系列产品设计进行了较为详尽的阐述,分别讲述了男装单品与系列产品的概念与设计原则,并对主题提案下的男装系列产品主题组合设计、色彩组合设计、面料组合设计、廓形组合设计、产品风格与细节设计规划进行了详细说明。为读者理清了男装系列产品以及构成系列的单品组合设计开发的思路,明确了设计规划原则和指导方向。其中,对不同男装单品的设计方法的讲解以及系列产品的设计规划说明,对于学习者在男装产品开发过程中准确判断产品风格、掌握系列产品的搭配组合方式、把控风格与设计方向有一定的帮助。

思考与练习

  1. 以实际男装品牌或者模拟品牌为背景,选择不同男装单品类型进行款式设计。

  2. 以实际男装品牌或者模拟品牌为背景,拟定相关设计主题提案,进行系列产品规划设计。

第六章

男装服饰品设计

　　服饰一词从字面理解包含服装和饰品两个范畴,是涵盖人们着装的由内到外、由上到下装饰人体的物品总称。包括服装、鞋、帽、袜子、手套、围巾、领带、发饰,还可以延伸至与服装配套的提包、阳伞、手杖等物品。一直以来,在人类悠远的服饰文化历史长河中,服装饰品都占据着重要的位置,在部分服装史料记载中,更有着先有饰而后有服的说法,在人们对于服装还处于原始懵懂的时候,便会运用饰品来装饰自身,可见服装饰品在人类服饰文化中的作用之重。

第一节　男装服饰品的流行性表现

一、 男装与服饰品流行的关系

　　从男士服装的发展演变历程来看,除了少数时期男士服装表现出分外华丽妖娆之外,多数时期男士服装的消费理念均与男士在社会生活中扮演的角色有着重要的关系。受到审美观念的影响,社会对男子形象提出了稳重、沉着、机智、干练等要求,使得大多数男士选择服装及相关饰品时,均较为重视产品的功能性,而较少关注产品的装饰性、设计性等。除了一部分青少年男装品牌因消费者年龄定位和消费需求将产品设计得相对时髦、花哨,成熟男装品牌总是会表现出沉稳的产品设计定位,以契合社会对于成熟男性严谨、干练的着装审美需求。同时,为了保持较为恒定的品牌设计风格,多数情况下成熟男装品牌对于服装流行的反映程度都会小于女装品牌对于流行时尚的推崇和表现,往往以相对含蓄的方式来表现品牌对于流行时尚的理解。

　　在产品设计中男装品牌常常以服饰品来表现流行时尚主题,因为通常男装饰品相对于服装本体来说在整体形象上占据的比例较小,所以在相对沉稳的男士服装整体形象中应用较少面积的流行色或者流行材料、流行工艺,甚至流行的穿戴方式,都不会觉得格格不入,搭配得当则更加能够起到画龙点睛的作用,表达出着装者对于流行时尚的敏锐把握和合理应用。例如在男士出席商务会议的时候,可以通过选择适合的领带或袖扣色彩来表达对于会议来宾的重视和尊敬以及对于流行时尚的理解,无疑会为着装者增色不少。

　　从产品设计的角度来说,男装设计与服饰品设计之间存在着相互影响,相互依存的关系。男装的流行信息对男装服饰品设计风格会产生影响,同样,男装服饰品的流行元素亦对男装的流行产生影响,为男装设计提供不同角度的灵感来源。设计师需要在把握品牌风格的前提下,将流行信息进行合理分解、重组,应用于本品牌产品设计中,在保持服装与饰品的设计风格整体和谐统一的基础上,合理利用流行资讯所引领的时尚设计动态,进行产品设计。随着男装品牌经营及产品设计的日益成熟,大多具有相当规模和实力的男装品牌,其产品设计架构均具有良好的设计规划,所推出的上市产品不仅包括男士服装,还兼顾服饰品,使得本品牌产品具有非常完善的自我搭配组合功能,消费者进入专卖店即可选购到从服装到鞋袜、提包、帽子、领带等全套产品,即所谓"一站式"购物消费模式。服装与服饰产品齐全的男装品牌在陈列展示时,也能够通过搭配组合很好地营造出本品牌倡导的品牌风格和产品理念。通过服装和服饰品的整体展示,形成良好的品牌张力,利于品牌在消费者心目中建立良好的形象。

二、 时尚流行趋势下服饰品潮流主导型分析

　　时尚流行概念涵盖了生活的多个方面,不仅包括一般提及流行时人们所理解的流行服饰,还包括建筑风貌、音乐、舞蹈、体育运动、思想观念、宗教信仰,甚至还包括语言、动作等,而流行服饰是其中表现尤为活跃的流行现象。流行预测是指对今后一段时间的流行现象做出有根据的预见性评价。在服装产业内,流行预测是由专门的流行预测机构(如流行研究中心、服装行业协会等)、品牌服装企业内的企划部门和流行分析家等发布的。

相比之下，在人们的衣、食、住、行中，服装及饰品受到时尚流行趋势的影响尤为明显，并涵盖了产业相关的多个组成部分，从服装设计、服饰品设计、店面陈列、搭配方式等，到设计风格、工艺方式、材料构成以及人们的穿衣搭配方式等都会及时地反映出当下以及未来的时尚流行趋势。时尚流行趋势对于服装及饰品的影响体现在色彩、面料、辅料、款式、廓形、细节、图案、搭配、结构、风格、工艺等方面，并且在不同流行周期中以不同的主题风格来引领和诠释，而服装及饰品的设计则会紧跟这种趋势主题的关键词，再结合本品牌设计风格进行产品的细部设计与完善。因为流行代表着当下以及未来一段时间内的产品消费趋向，品牌公司的产品设计必须迎合消费需求的变化。一味固守自己原有的产品设计风格而不顾流行趋势所带来的消费需求变化，只会将自己的产品做到"曲高和寡"的境界(图 6-1)。

图 6-1　2012 米兰春夏男装周 Gucci 打造的奢华复古风男装与配饰

对于男装服饰品来说，时尚流行趋势通常会以某种主题来引领服装饰品的设计潮流，主导下一季服装饰品的设计方向。品牌公司设计师则会综合时尚流行趋势的主题分析进行产品设计，将主题趋势的关键词描述应用于产品设计中。在不同的市场环境、经济形势、政治背景下，每一季的时尚流行趋势不尽相同，有原生态自然主题、低碳环保主题、简约主题、复古主题、科技主题等，设计师根据流行趋势的未来时尚定义将主题方向映射于服饰产品设计中。例如在设计低碳环保主题流行趋势主导下的男装服饰品时，设计师会大量运用流畅、简洁、自然的线条于产品廓形和内部结构中，并赋予简洁、明快、素雅的色彩系列设计，多应用无染色的本色材料，大量应用朴实无华的未加工或初步加工材料，摒弃深加工、细加工的主料与附件，服饰品整体设计理念为实用、舒适、环保、低碳。

第二节　男装服饰配件

相对于女装来说,男装服饰配件的类别与形式相对较少,常用的主要包括包袋、领带、帽子、腰带、鞋子、箱包及眼镜、袖扣、领带夹、手杖、香水等物品,以下就这几种类别进行介绍。

一、包袋

包袋是男装的重要配饰之一。以往的男用包功能和款式较为单一,主要为商业和行政人士所使用。这一类人群追求品位和档次,往往会选择质量上乘、精致美观的品牌包,搭配高档挺括的衬衫、西装和大衣,其使用场合主要为办公楼、会议厅、谈判桌等。商业用包的款式和风格很传统,例如公文包的设计就很简洁,主要考虑功能实用。这类包色彩单一、用料考究,一般选用真皮材质。时尚包的样式多种多样,有挎肩式、背包式、腰扎式等,适合旅游、休闲等日常活动。其款式设计随意轻松,可以是多袋式、拉链式、拼接式等。选用的材质也较为广泛,真皮、帆布、人造革皮等都可以。

包袋可以说是伴随着服装的历史共同发展的,早期的包袋主要利用天然兽皮和植物韧皮等制作而成,在纺织行业得到一定程度的发展后,制作包袋的材料也呈现多样化的趋势,功能和款式等也有了较多的发展。

随着生活质量的不断提升和生活空间的逐渐丰富,男士的包袋品种也逐渐多样。就种类来说,有手包、提包、公文包、休闲包、腰包、单肩背包、双肩背包、挎包等;就包型来说,有方形、宽大形、扁形、长形等。男士根据职业场合和自我着装搭配风格的需要,有着较大的选择空间(图 6-2)。

图 6-2　包袋已成为现代男士的重要时尚配件之一

二、领带

领带是最能满足男性装扮需求的服饰品,也是男性最常用的服饰配件之一,从广义上讲,还包括领结。男士领带在使用上有两个明显的作用,一个是装饰功能,另一个是标识功能。

对于男性而言,领带具有强烈的装饰作用,能够打破单调和沉闷,在服装整体上营造视觉中心,显示时尚和活力。同时,领带有助于塑造个体形象与风度气质,它以简洁有力的造型线条来点缀男装,使男性服饰形象更为突出,并在整体服饰中起着平衡和强调作用。在男装搭配时如果要改变一套西装给人的整体观感,最简单的方法就是改变领带的款式,特别是在穿西装套装时,不打领带往往会使西装黯然失色,因此领带又被称为"西装的灵魂"。

领带具有标识功能,标示穿戴者的文化品位、气质以及所属的职业、团体等。从事相关职业的工作人员,除了穿着专用服装外,还需佩戴专用领带,领带图案和色彩根据职业特点都有一定的要求。如公安部、司法部、法院、检察院、铁道部、交通部、卫生部、邮电部、工商总局、税务总局、海关总署、各大航空公司、各大银行、中国移动通讯集团等单位都有自己的专用领带,单位标志通常作为领带图案的一部分,放在领带大领前端的左下角(图6-3),或者以四方连续的形式表现(图6-4)。色彩主要选用与职业相关的或与职业装配套的色彩(图6-5)。这类领带比较独特,主要起到宣传和标识的作用,具有象征性,因此,常以易读易懂、一目了然的形式表现,而不是特别强调艺术装饰效果。人们也常常根据某人的领带特征来判断他属于哪个职业团体或阶层。

图6-3 邮政系统领带   图6-4 大众汽车集团领带   图6-5 中保人寿领带

从领带的形态通常可分为以下几类:①箭头形领带、②平头形领带、③线环领带、④西部式领带、⑤宽领带、⑥片状领带、⑦巾状领带、⑧翼状领带(图6-6)。

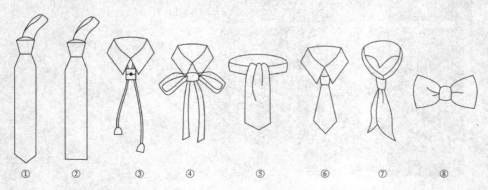

① ② ③ ④ ⑤ ⑥ ⑦ ⑧

图6-6 不同式样的领带

三、 帽子

男士帽子在式样上变化不多,但帽子与服装的搭配有一定的规范,更需要考虑着装整体的协调。例如穿燕尾服需要配戴大礼帽、绢帽或观剧用大礼帽;穿夜间准备服需要配戴黑色或深蓝色的带帽檐中褶帽、窄边帽;穿晨礼服、白天正式礼服需佩戴大礼帽、常礼帽或有檐的中褶帽;穿日常生活装则相对自由一些,对帽子的佩戴没有严格的规定,只需要与服装风格、着装者的脸型、肤色、气质相协调即可。

帽子的作用主要可以归纳为三类:实用性、象征性、装饰性。远古时代的人们靠捕兽渔猎过活,兽皮被保留用来保暖和保护身体,帽子则用来保护自己或遮阳挡雨,具有很强的实用性。如今的帽子作为配件,虽然更强调其装饰性,但实用功能依然存在。如在日晒的场合,一顶防晒帽、遮阳帽会为你遮光挡阳;寒冷的冬季,一顶毛线编织帽、裘皮帽可使你的头部免遭寒风的侵袭。由此帽子的防风沙、避严寒、免日晒的功用可见一斑。另外,从科学的角度讲,帽子的出现,对人类的健康作出了不可磨灭的贡献。人们戴帽子可以维护整个身体的热平衡,在气温发生变化的时候,避免因头部过多地失去或吸收热量而引起体温的变化,从而产生不舒服的冷感或热感。帽子的象征性在古代主要表现在官职大小的区别,而在现今帽子的象征性则更多地表现在帽子所具有的职业标识功能,如军警的帽子等。帽子的装饰性在讲究服饰搭配的今天显得尤为突出。各式的帽子在保暖之余,为平淡的着装增色不少。可以说帽子是创造"顶上时髦"的必备利器。把握好帽子与服装的搭配,能起到给整体造型加分的作用,有时仅仅只需一顶帽子,就能使整体服装造型从平凡到耀眼,帽子的装饰作用不容小觑。

按照不同的分类方法,帽子有很多种名称以及与其相对应的功能和造型。按用途分:有风雪帽、雨帽、太阳帽、安全帽、工作帽、旅游帽、礼帽等;按使用对象和式样分:有情侣帽、牛仔帽、水手帽、军帽、警帽、职业帽等;按制作材料分:有皮帽、毡帽、毛呢帽、长毛绒帽、绒线帽、草帽、竹斗笠等;按款式特点分:有渔夫帽、贝雷帽、鸭舌帽、棒球帽、钟型帽、棉耳帽、八角帽、瓜皮帽等(图6-7)。

图6-7 不同风格造型的帽子

四、鞋靴

鞋子是用来包裹脚部的物品,是服饰配件中不可缺少的部分。鞋子是人类服饰文化的重要组成部分。服装的主体性和整体性决定了鞋子在人们的整体衣着上处于次要和从属地位,是整体服饰的局部,但鞋子在服饰中的地位越来越重要,它在提高服饰设计的全面性和完整性方面起着重要作用。鞋靴作为必备服饰品,在选择上除了要满足便于搭配、穿着舒适、便于行走、结实耐穿等基本条件之外,还需要非常注重流行。在现代社会生活中,男士选择鞋靴越来越重视流行这一因素。很多时候,不太喜欢张扬自己对服饰流行具有敏感嗅觉的男士,会通过穿着时髦、流行的鞋靴来表达自己对于流行的见解。尽管鞋靴处于视线下方,即使稍有不适宜,也不会显得过于局促,但是得体大方的搭配则会尽显风采。

鞋靴按照不同分类标准,种类繁多,样式多变。按照使用功能分:有室内的拖鞋、室外的正式着装鞋、休闲鞋、雨鞋、滑雪鞋、溜冰鞋、骑马鞋等;按照穿着季节分:有春秋鞋、夏季凉鞋、冬季毛鞋等;按照造型种类分:有平跟、中跟、高跟鞋、尖头、平头、圆头、方头、低帮、中帮、高帮、长靴等;按照材料区别:有皮鞋、合成革鞋、塑胶鞋、棉布鞋、绳编鞋、草编鞋、木鞋等。

按照鞋子的设计风格或者穿着场合分类,鞋子可以分为正装类和休闲类两大类;从样式种类来区分,鞋子可分为系带式、扣襻式、盖式等。正装类的皮鞋有系带和便式两种,且皮质精良、硬挺、光泽感好。男士经典的正装皮鞋是系带式牛津鞋,通常会打上三对以上的孔眼,并穿入系带;另有搭扣式平底便鞋、黑白镶拼正装鞋等。在日常生活中,运动鞋、休闲鞋、乐福鞋、德比鞋、牛津鞋、孟克鞋等均是男士着装搭配的主要选择(图6-8)。

图6-8　适合不同穿衣场合的鞋子造型设计

五、腰带

对于男士来说,腰带和手表、皮鞋一样,都是很重要的配饰,虽然它只是细细的一条,但同样可以透露出男士的品位、爱好、生活态度等。腰带对男士的重要性是其他服饰配件无法取代的。因此,腰带作为男装设计中的细节,越来越引起设计师的重视,成为男装设计需要考虑的配饰之一。

腰带在男士穿衣搭配中的作用主要包括实用性、装饰性。腰带最初的作用是它的实用性,可以防止裤子从腰间滑落。在古代还被用来佩挂一些生产、生活使用的物件。腰带的装饰功能在现代服装设计中越来越受到重视。腰带可以在修饰形体的同时,于细微处彰显男士的个性。一套普通的男装,可以因为腰带而变得不普通,因此在男装的服饰搭配中,腰带的装饰作用一定不能忽略。

男士腰带的质料十分丰富,通常有皮革、布料、金属等,由于不同的造型风格和佩戴位置而产生出不同的种类。腰带的分类可以通过不同的材质来加以区别。常见的皮革类材质有猪皮、牛皮、羊皮、鳄鱼皮、蛇皮等,各种质地的皮带由于加工鞣制过程不同而呈现出多样的风格。如猪皮和羊皮,经剥离分层后,更为柔软;牛皮有身骨硬挺的感觉;鳄鱼皮则是档次较高的选择。皮带上的压纹和肌理效果使其更具魅力和特色。布料类主要有休闲的帆布腰带或牛仔腰带,是最适合表达男装休闲意味的腰带。也有采用服装面料本身与其他不同材质如皮革等镶拼的做法,来配合服装整体造型(图6-9)。

图6-9　男装秀场上不同风格造型的腰带

六、其他饰品

合理地使用各种服饰配件,不仅能够表现出着装的整体美,还能起到画龙点睛的作用,传递出个人品味与审美情趣,也可以体现出男士的风度和涵养。男士服饰配件除了上述类型以外,还包括以下几种配饰品。

(一) 领带夹

领带夹是男士的专用饰物,作用是把领带固定在衬衣上,避免领带摆动摇晃而影响美观,尤其是在进餐或用茶时可以避免领带垂到杯盘里,同时也有一定的装饰作用。一般佩戴领带夹的位置应在领带结的下方四分之三处为宜,过高过低都不太适合。领带夹多为金属制品,名贵的领带夹用合金、银或 K 金制作,它的饰面有素色、镶嵌和镂花三类,形状变化则以条状造型为基础,色泽有金色、银色和呈现镶嵌物的色泽,有的还和衬衫上的袖口对扣配套一起使用(图 6-10)。

图 6-10　领带夹与袖扣

(二) 袖扣

袖扣是用在专门的袖扣衬衫上代替袖口纽扣的物品,它的大小和普通纽扣相差无几。作为男子服装的重要配件之一,袖扣不仅与普通纽扣一样具有固定衣袖位置的实用功能,也因为其精美的材质和造型更多地起到装饰作用。一副别致的袖扣能让男士原本单调的礼服和西装熠熠生辉,也是高品位成功男士的象征物品。许多大品牌都用 K 金来打造袖扣,并在其中点缀宝石,品牌的经典 logo 也会在袖扣上熠熠发光。因为精致的做工和贵重的材质,这些如首饰般的袖扣在被使用后,也会被小心翼翼地收藏(图 6-11)。

图 6-11　品质非凡的 Tiffany 袖扣

(三) 打火机

打火机的鼻祖可以说是 16 世纪欧洲的火绒盒和中国的打火铁盒,它们的工作原理一样,都是用打火铁产生火花引燃火绒。如今,打火机在经历了几百年的发展后,对男士来说,已经不是单纯的点烟工具了。它强调金属质感、手工雕花、精致细节,拿在手上把玩、享受玩物乐趣才是它的价值所在,更成为不折不扣的男士风格化装饰(图 6-12)。

图 6-12　Cartier 等奢侈品牌打火机

(四) 袋巾

　　男士上衣口袋放置手帕最初是为了方便,同时也肩负美观与"整洁"双重任务。如今,男士的袋巾纯粹只是一种配饰而已,对穿西装的男士而言,袋巾是一件重要的装饰品,尤其是在正式场合穿着深色西装或黑色礼服时,更是不可或缺的服饰配件,也是突显男人的品味和情趣的一个细节部分。袋巾是放置于西装左上袋的装饰物,丰富并点缀了西装的左胸位置,与领带互相映衬。袋巾的设计在今日除了愈见心思之外,颜色和图案也层出不穷,新颖别致。质地也由原来的棉质发展为今日柔和细致的丝质,与男士们的衬衫、领带、西服相谐,彰显个人的风格与气质,令佩戴的男人魅力非凡(图 6-13)。

图 6-13　袋巾与服装的统一搭配

(五) 眼镜

　　在注重个人风格的年代,许多配件都能发挥画龙点睛的作用,眼镜作为配饰品,也是彰显个性的物件,即使是近视眼镜也不例外,已经不能单纯地作为校正视力的工具了。眼镜被赋予了更多的时尚元素,也是男士彰显个性、美化形象、增添时尚魅力的重要配件。佩戴眼镜可以恰到好处地衬托男士的气质,从镜架的材质、镜框形状到眼镜整体的设计感,都能彰显男士的魅力,甚至可以修正脸部的线条,显得具有时尚感(图 6-14)。

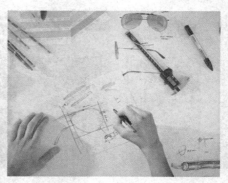

图 6-14 眼镜的装饰搭配

(六) 围巾

　　男士围巾多有保暖御寒之用，兼有装饰、点缀领口的作用。在日常配戴中有一部分人会将围巾用于厚重大衣不可脱卸的领口保洁，因为与清洗整件大衣相比，围巾清洁起来比较容易。围巾还有一个重要的功能就是标识作用，在很多大型集会、体育比赛时都会用围巾来作为团队标志和表达团队精神。例如在许多政治大选场合，竞选人及其支持者会配戴同样的围巾来表明自己的立场。在许多体育比赛，特别是足球比赛中，球迷们常常会配戴印有球队 logo 和标语的围巾，在比赛现场挥舞呐喊，为自己支持的球队加油助威。这些都是围巾具有的特殊功用。而在部分国家和少数民族地区，赠送围巾被赋予了某种特殊意义(图 6-15)。

图 6-15 男装秀场上的围巾搭配应用

(七) 香水

　　香水是一个隐形的时尚符号，现今已有越来越多的男士开始注重服装以外的形象包装。香水能让男人充满自信，彰显个性，甚至出类拔萃。男士香水的气味一般不太浓郁，大多属于冷香型或沉稳型，香精含量在 10% 左右，留香时间不会超过 6 个小时。通常适合男士的香水是木香、果香比较多而花香少的香型，如木香、树脂香、柑苔香。对于成熟稳重的男士，沉稳而不浓烈的木香调是比较好的选择；而年轻开朗的男士或者因职业需要常跟人沟通的男士，应该选择柑苔调的香水,因为这种香水中含有甜橙、佛手柑的味道,能够让人感受到阳光的气息,易产生亲近感。香水受到众多男士的接受和喜爱,已成为一种高品质生活方式的演绎。而男士选用适合自己的香水,不仅可以让自己身心愉悦,也会对周围的人产生积极的感染力(图6-16)。

图6-16 男士香水

(八) 钱包

钱包是男人的必备之物,不但实用也是男人身份地位的象征,一个好的男士钱包不仅用料精选、做工精细,最重要的是能够体现男人的品位。男士钱包通常也可以和服装整体配套。在正式场合,一款皮面有压纹并在四角镶金属边的钱包能够彰显男士贵族气质;而搭配牛仔裤和运动鞋时,选用具有休闲风格的钱包则会更加相得益彰。

(九) 手表

男人腕上不可无表。手表是男士品位与身份的象征,也是男士为数不多的可以奢侈一把的机会。如今的手表早已超越了其简单的记时功能,更多的是时尚和品位的象征,一块手表,能让本就儒雅的男士又增一抹亮色。

现代时尚男士在挑选手表时,除了功能性、实用性之外,酷炫的外形设计和保值功能也是刺激购买欲望的主要因素,腕表已成为男士一项重要的投资或收藏。商务男士正装所搭配的手表应当是金属质感的材质,简洁利落的圆形或方形表盘是经典造型;而活力动感的运动手表永远是喜爱运动男士的首选,可搭配休闲装佩戴(图6-17)。

图6-17 男士腕表

(十) 吊带

男士西裤吊带的作用与皮带类似,从功能上说都是为了固定裤子,并具有一定的装饰性。

吊带多用于三件套西装搭配中,现在随着人们穿衣观念的逐渐休闲化,吊带时常应用于休闲衬衣或者针织衫的搭配中,看上去显得洒脱、优雅(图 6-18)。

图 6-18　男装吊带的搭配应用

第三节　男装系列产品设计中的服饰品搭配

男装产品设计中的服饰品搭配是指配饰与服装的搭配组合设计,是男装整体设计的一个重要环节。饰品的搭配设计与服装设计一样,都需要在品牌产品开发初期即拟定产品设计规划和架构,在产品开发之初即给出包括饰品在内的全部产品开发架构和设计方向,为后期的产品整体开发和搭配组合明确具体方案和上市时间波段。

一、 男装系列产品中服饰品的作用

从审美角度来说,服饰品对于整体着装搭配效果有着很好的修正和促进作用,因而越来越受到人们的重视。人们常常将手表、腰带、公文包、钢笔、眼镜、手套等服饰品称为"附件"或者"修饰品",这意味着它们并不是缺之不可的,却又是很重要的修饰物品,能够给整体服装搭配增彩不少。随着人们观念的逐步改变,对于服饰整体搭配越来越重视,以含蓄、沉稳、简洁为主导思想的男士,常常通过佩戴适当的服饰配件来提升自己整体的着装形象,在彰显身份的同时又能内敛含蓄、不露锋芒地表达自己对于时尚的理解。

为了增强服饰品对于整体着装效果的促进作用,设计师需要依据品牌产品企划之初制定的产品设计方案和架构,围绕设计主题拟定的设计方向开展饰品设计工作,围绕服装产品设计主体进行服饰品的搭配设计,根据服装产品的设计风格和设计理念进行关联设计。服饰品的造型、色彩、材质、肌理的选择以及风格设计、细节设计、工艺设计,需要和服装产品形成呼应关系,运用服装设计和饰品搭配设计形成的整体合力,强化系列产品的整体形象和搭配效果。根据不同品牌服装产品的风格特点,饰品设计和服装产品整体设计有多种手法,最常用并且行之有效的方法是从服装设计中提取具有代表性的特征元素,将其分解组合应用于饰品设计中,如领带的花型、色彩设计可以和衬衣面料的花型或底纹以及色彩进行关联设计,以增强系列整体感,使得饰品能够与整体和谐融合,起到画龙点睛的搭配效果。

二、 男装系列产品中服饰品的选择

在男装系列产品开发中,鞋、包、围巾、眼镜、手表等服饰品反映出了流行的特点,同时也是商业性促销的卖点。品牌公司在新一季产品企划时即会按照市场需求和流行趋势的导向,设定符合公司品牌定位的产品设计主题,并按照不同的产品设计主题进行相应的产品架构规划,包括服装产品和相应饰品的搭配选择。在系列产品开发设计中,设计师需要根据主题产品的风格进行饰品选择搭配,依据产品策划阶段形成的产品架构图文提案进行整体搭配设计(图 6-19,图 6-20)。

薄型手包
时髦商务男士之间流行的
皮革手包。关键词：轻便
轻巧，和当下的时装潮流
非常合拍，给人洗炼的印
象。

色彩鲜艳的丝巾和口袋巾
脖子和胸口用鲜艳的颜色
进行搭配，提升清爽的印象。

色彩鲜艳的领角
插片，非常有趣
味性的设计细节。

茶色系、驼色系的
皮鞋搭配商务休闲
造型，体现春季的
轻巧感。

表情丰富的皮革
用不同颜色和不同设计的
皮带扣进行展开。用春季
的色彩进行体现。

旅行中方便使用的功能强大的
单品。护照包和箱卡包等，真
皮材质，越使用越有质感。

富有质感的金色手表配饰。体
现身份与品质。

能够当作波士顿包来使用的服
装套。既可以储物，也可以作
为休闲造型搭配的便利单品。

编织感皮凉拖。

水银镜片、渐变色眼镜。眼镜
带的设计增加运动安全性。

轻便实穿，便于搭配的多色马丁靴。

图 6-19　某品牌男装春夏饰品规划

图 6-20　系列产品的搭配组合

三、 男装系列产品中服饰品的搭配方法

　　依据服装设计的 TPO 原则,除了服装产品的风格和功能设计可以满足穿衣者的穿衣场合需求外,饰品也同样可以起到塑造风格,强化着装形象的作用。男性着装场合或用途分为商务、休闲、社交三个主要类型。设计师在进行系列产品开发和搭配过程中,为了使着装者的整体服饰形象更加符合所要出席的场所氛围,需要依据服装产品的主题风格定位进行服饰品的关联设计,确保服饰产品可以恰如其分地点缀和修饰着装者形象,在服饰品的设计风格、材料选择、色彩搭配等方面做到与服装产品的和谐统一。在设计休闲风格的男装服饰品时,设计师需要考虑着装者将要出席的场所环境,考虑着装者所属年龄层次的消费审美倾向,尤其是年轻人的休闲男装有着比较丰富的变化空间,如用流行的印花围巾替代拘谨的领带,长衬衫外套短背心的多层次穿法,T 恤与西服、运动鞋的混搭等。同样的服装,穿着或搭配的方式不同,其外观效果也会不同。而在设计商务风格的男装产品时,则需要把握商务男士经常出席场所的着装礼仪和风格,在配饰搭配时把握好商务男装内敛、稳重、含蓄的着装理念,色彩多为中对比或弱对比,材质选择也多注重考虑内敛的材质,如亚光皮包、皮鞋等。总的来说要合理把握服饰品的设计、材料、工艺三个基本元素之间的平衡关系,以及服饰品与服装款式搭配之间的协调关系,从而做到男装服饰形象的整体美。

　　TPO 原则在男装系列产品搭配中包含穿衣时间、季候因素、穿衣地点、穿衣者需要出席的场合氛围等信息,主导着饰品搭配的色彩、面辅料材质、光泽、肌理,以及款式风格。当然,系列服装与饰品的搭配组合还有很多参考维度,比如按照整体服装风格、按照品牌产品价格档次或按照饰品在穿衣组合中的用途等因素来进行搭配组合。

　　下文以笔者作为设计总监所参与的企业实际设计案例来讲解男装饰品整装搭配流程与方

法。设计项目内容是为海宁卡蒂诺皮业有限公司进行新款设计开发,并参与中国裘皮·皮革时尚周暨企业设计师作品专场发布会。系列作品分为四个主题:繁华旧梦(怀旧、经典)、跃动时代(运动、休闲)、都市新贵(时尚、个性)、城市之光(商务、白领),系列作品从经典、怀旧的稳重,逐渐向休闲、时尚、个性的轻松发展,最后又回归商务白领的内敛、激进与向上的风格,在饰品搭配时也是遵循这样的风格导向发展的。

(一) 款式预搭配

首先,按照系列产品设计风格用电脑软件进行模拟预搭配,目的是为了熟悉款式风格特征,将相关风格服饰品进行模拟组合,以便了解和把握搭配效果,并作为后期购买相关风格服饰品的导向图,为后期工作框定方向。搭配时需要考虑服装的穿衣季节、服装风格以及穿衣场合等,其中涵盖着对于服饰品色彩、款式、风格的评判与取舍,同时还需要考虑服装整体出样的风格(图6-21)。

图6-21 依据服装风格进行服饰品预搭配(部分)

(二) 服饰品分类

其次,将按照预搭配方案所购买的服饰品,依据系列产品风格特征进行分类整理,以便于后期的搭配选择。整理过程中,为了方便后期管理,可以对各种饰品进行分类编号。编号代码通常只在公司内部作为沟通交流之用,只要内部员工明白代码所含意思和内容即可,编号规则根据设计组或者企业自身情况而定,一般为了便于操作,大部分公司采用大写英文字母+阿拉伯数字的组合方式进行编号。例如,可以按照设计主题系列进行编号,四个主题分别命名为 A、B、

C、D。将鞋款按照经典、休闲、运动、商务四个风格类型分别命名编号,经典风格鞋编号为:Xjd1、Xjd2……,其中 X 代表鞋的拼音首字母,jd 代表经典系列的经典一词首字母,数字 1 则是鞋款编号,以此类推。休闲风格鞋编号为:Xxx1、Xxx2……,运动风格鞋编号为:Xyd1、Xyd2……,商务风格鞋编号为:Xsw1、Xsw2……。除了拼音首字母代号外,通常还用相关服饰品的英文单词首字母来编号。同样,按照此方式将围巾、皮带、帽子、包、眼镜等配饰品进行分类编号,并制定组合搭配表格,便于后期的应用管理(图 6-22~图 6-27)。

图 6-22 服装搭配所需鞋款(部分)

图 6-23 系列服装内搭衬衣(部分)　　图 6-24 系列服装搭配所需裤装(部分)

图 6-25 系列服装搭配用皮带(部分)

图 6-26 系列服装搭配用围巾(部分)

图 6-27 系列服装搭配所需包袋(部分)

(三) 分配服饰品

　　完成服饰品分类以及编号后,再将服装按照系列分类悬挂于龙门架上,以便于下一环节的服饰品分配、搭配组合(图 6-28)。服装分类后,将搭配所需的衬衣、毛衫、领带、眼镜、围巾、包、鞋子等相关饰品组合搭配好,和服装摆放在一起,以便于后续模特试装环节(图 6-29)。

图 6-28 将服装按照风格分类悬挂龙门架(部分)

图 6-29　按照服装风格进行服饰品搭配组合(部分)

(四) 模特试装

　　服装及饰品分类搭配组合后,进入模特试装环节,确定搭配效果、判断饰品以及服装的尺寸大小、色彩、肌理等因素在整装中是否合适,根据情况进行现场实物调整(图 6-30)。

图 6-30　模特试穿服装,进一步确定搭配效果

(五) 模特走位

　　模特试装后,分发服装给模特,进入走位环节。此环节设计师需要进一步确认所搭配饰品以及整体着装的效果,以及展示过程中的色彩衔接、风格转换等关键细节(图 6-31)。

图6-31　模特手持分发搭配好的服装走位

(六) 棚拍定妆

　　通过模特试装与走位,确认服装以及饰品的整装效果和出样顺序后,通常需要依据实际情况进行服装及饰品的修改、增补、删减、调整,再进行棚拍,确定最终着装组合方式、妆容、发型等(图6-32)。

图6-32　棚拍定妆照

(七) 模特走台

　　在灯光、音乐的配合下,通过模特走台进一步展示和确认产品设计以及搭配的最终效果,并在设计项目完成后进行分析和总结,以便于下一季的产品开发和设计搭配做得更好(图6-33)。

图6-33　模特走台展示服装设计与饰品搭配的整装效果(部分)

本章小结

男装服饰品搭配设计是男装整体设计的一个重要组成部分,本章从服饰品设计风格特征分析入手,介绍了服饰品与男装流行之间的关系,并对一些主要服饰品配件的设计做了简要介绍,最后从服饰整体搭配的角度讲述了男装系列产品服饰搭配的作用和方法。使读者了解到合理地运用配饰搭配可以很好地塑造着装整体形象,强化消费者的着装风格特征,满足其着装场合需求。作为男装设计师,需要明确服饰品对于系列产品整体风格的重要作用和具体搭配设计方法,而作为男装产品消费者,则需要掌握如何通过服饰品搭配使得自身的着装整体形象符合出席场合的整体氛围。

思考与练习

1. 男装服饰品对于男装整体着装形象设计的重要意义有哪些?
2. 男装服饰品流行与男装流行之间是如何相互影响的?
3. 选择某一品牌男装产品系列,对其进行服饰品搭配设计。

第七章
品牌男装产品
开发设计与流程管理

　　品牌男装是指以品牌经营理念为指导思想,按照品牌运作规范开发出来的男装产品。所谓品牌男装是有别于非品牌男装的。按照男装产品设计、生产、销售、服务的业态形式来分,非品牌男装可以归结为区别于品牌化运作男装的统称,比如一些以自给自足为设计、生产、消费模式的男装产品,其产品目的主要是为了满足个人消费。一些以满足他人消费为目的的男装产品,因为其运作模式不具备品牌化规范而不能被称为品牌男装。而一些单量单裁的定制模式男装设计,虽然具有一定的知名度,甚至在某个区域内广为人知,但是也因为其运作模式不具备品牌经营理念也不能被称为品牌男装。因此品牌男装即品牌化的男装,所谓品牌化是指赋予产品和服务一种品牌所具有的能力,对某一类或一系列产品的认知标准化、宣传标准化。

　　品牌男装产品开发设计是指以品牌经营理念为指导思想而进行的男装产品开发设计活动,其核心是在企业经营方针的指导下,尊重品牌服装运作的客观规律,将品牌文化和发展愿景附着于多方利益的产品设计过程。与非品牌男装产品设计的区别是,品牌男装设计的最显著特征是以品牌建设为主线,遵循品牌服装产品设计开发的行为特点和科学流程,发挥整个品牌运作系统的协同作用,在考查设计结果效益的同时,重视设计行为本身的规范化。从当今男装产品的设计、生产、销售、服务的方式来看,存在男装成衣、男装商业定制、男装自制、男装比赛设计这几类主要设计生产方式,虽然这几类男装设计生产方式在各自领域均拥有一些著名品牌或者较有影响力的设计模式,在部分设计流程上却因设计、生产方式的不同存在着较大的区别,本课程所研究的男装产品开发设计与流程管理,只选取男装消费市场占据主流的男装成衣品牌进行说明,其他男装设计业态将作为对比。

第一节 品牌男装产品规划流程

品牌男装是指以品牌经营理念为指导思想,按照品牌运作规范开发出来的男装产品。考虑到消费者的购买搭配以及产品形象的整体展示,品牌男装产品的设计开发大多是系列化、多季节跨度连续进行的,其中必然涉及多系列产品之间的款式呼应、色彩搭配、面料配置、时间控制、人员安排等多个环节,需要有一个有章可循的产品整体规划。

一、品牌服装产品规划的概念

通常来说,品牌服装为了稳固既有顾客群体并不断拓展新的消费群体,使得目标受众形成较为稳定的情感归属和品牌认知,会十分强调品牌文化建设,并且连续、长效地在企业产品与服务中体现品牌所倡导的价值观念,在经年累月的积淀中弘扬品牌文化,其产品开发设计会体现出较好的完整性、规范性、计划性,这些都得益于结构合理、操作规范的产品规划。

品牌服装产品规划是指品牌服装公司依据本品牌发展愿景规划及市场供需状况,针对目标受众,对某段时间即将上市的服装产品进行的整体结构规划与时间控制、货品比例、色彩组合、面料配置,以及对相关人员的统筹安排、责任界定等。

产品规划的工作范畴与内容涉及服装产品从商品企划到产品实现与上柜销售的全部过程。涵盖了服装产品从无到有再到销售给顾客的全部过程,从研究新季度目标市场的消费趋势与过往销售数据的分析开始,到产品定位的框定、设计概念的提出、产品计划的制定,以及具体的色彩、面料、款式、图案、辅料的设计规划和人员分配与时间规划,到产品出样形象设计、推广设计、订货会、发布会等全部过程。所涉及部门主要有服装企业内部的设计部、营销部,以及相关的生产部、人力资源部等,主要的具体参与人员有服装设计师、销售人员、买手、平面设计师等。

依据产品上市波段、流行趋势发展、行业物料采买时间与供应链内及跨供应链间的协同制造特点,产品规划的时间段通常分为:单季产品规划、双季产品规划、年度产品规划。根据实际需求,部分公司还将产品规划时间段拉得更大,比如跨年的两年产品结构规划,甚至是五年发展规划。产品规划跨越年度时间越长,对于产品规划的准确性、合理性要求就越高,对于产品规划团队的业务素质要求也非常高。考虑到市场供需状况的动态发展变化,一般来说时间跨度太大的产品结构也不可能做得十分细致完善,只能是个粗略的设计方向。所以,行业内大部分品牌服装公司多会选择时间跨度较短的单季产品规划,或双季产品规划、年度产品规划这三类主要形式来进行较为细致、完善的产品结构规划设计。

二、品牌男装产品规划的流程设定

流程是指事物进行中的次序或顺序的设置和安排,即为了达到某种目的而设定的一个或一系列连续、有规律的行动及相互关系。流程既可以用于个人对于某项活动的过程安排,也可以用于团队成员之间的活动安排,相对来说,后者更加注重团队组合之间的协作衔接、责任界定和综合管理。

（一）品牌男装产品规划流程的概念

品牌男装产品规划流程是指男装品牌公司围绕新产品开发而展开的一系列活动及其之间的相互关系。这一过程是以实现企业利益为出发点，以满足目标消费群体的需求为导向而展开的，从市场营销的角度，通过明确商品定位、商品组合策略和商品生命周期管理，实现商品从无到有到卖给消费者的一系列规划和管理。其中涵盖了围绕产品开发而进行的信息收集与分析→顾客需要研判→产品整体定位→流程计划拟定→产品架构建立→具体设计构思→产品样品试制→市场信息反馈→采购备料→试制生产→产品定型→上柜销售等一系列流程。在实际操作中，并不是所有男装公司都完全依照此流程顺序进行，有的公司表现为前后环节的衔接关系，有的公司则表现为某些环节的并行关系。

（二）品牌男装产品规划流程需要考虑的因素

品牌男装产品规划需要考虑的因素主要有以下几点：首先应该是实现品牌公司的企业利益与再发展，其次是满足消费者需求，再次即实现企业品牌的社会价值和社会效益。

这三者之间的关系是相互依存、相互发展的。没有企业自身的生存与发展就无法满足消费者的消费需求；如果不能满足消费者的消费需求，就无法实现企业的产品价值，长此以往，企业及品牌也无法生存，更谈不上再发展；如果没有良好的顾客关系、顾客满意度和企业利润积累，就无法实现企业品牌的社会价值和社会效益，企业社会责任和品牌文化也将无从谈起。同样，没有良好的顾客关系，有碍品牌文化的传播，消费者对于品牌的认知度、满意度、忠实度也会大打折扣，对于企业和品牌的长期发展也是非常无益的。因此，品牌男装公司在做产品规划时，需要将企业利润和目标顾客消费需求、企业社会责任、品牌价值有机结合起来综合考虑，并寻求三者之间的最佳平衡点，在不断满足消费者需求的同时，发展壮大企业的实力，实现企业和品牌的自我价值。

显然，服装产品规划考虑企业自身利益、消费者需求、品牌社会效益这三个主要因素是远远不够的，还需要考虑更多的因素。比如品牌竞争对手的发展和营销状况、产品结构、商品策略等也是品牌服装公司在制定产品规划时考虑较多的因素。依据目标参照物制定的产品规划能够更清晰地展示本品牌产品与服务在市场中的状况，也能够较准确地、有针对性地围绕某一类消费群体的需求而进行相应的产品策略调整，使得产品规划更加有的放矢。此外，除了流行趋势外，国际政治、经济形势，特别是行业发展以及相应的政策法规也是品牌服装公司在制定产品规划时候所必须考虑的因素。

（三）品牌男装产品规划流程需要体现的要素

品牌男装产品规划需要体现的要素是：详尽的产品开发计划和准确的产品设计规划，以及产品规划各关键节点的把控（图7-1）。

对于服装品牌来说，追求销售利润、服务消费者、实现品牌价值等一切行为都需要依靠产品和服务来实现。因此，在服装品牌的产品规划流程中需要体现的重要因素，即给出如何实现产品的详细计划和产品设计规划方案，以及在执行过程中对于各个时间节点的设计任务的跟进与监管。时间计划用于控制整个产品开发流程的各个关键时间节点，是产品从企划到上柜销售再到顾客手中的时间安排，产品设计相关各工作小组及协调部门需要严格按照时间计划步调一致地开展工作，否则产品设计的最终结果有可能会与上柜销售的最佳时间相背离，那么将会对于

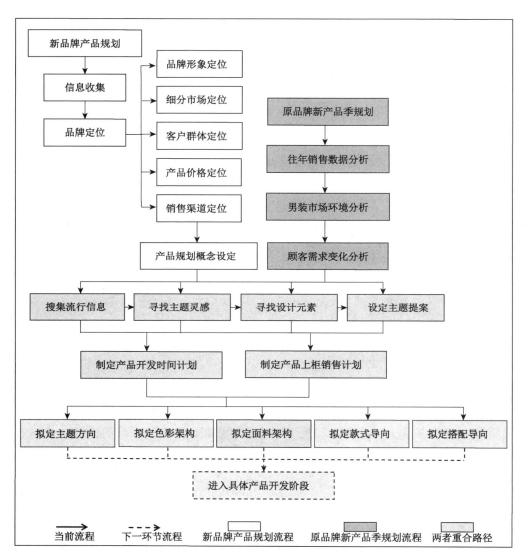

图 7-1　男装产品规划流程图

产品销售带来巨大损失。产品规划中所涵盖的色彩架构、面料架构以及款式设计导向、图案设计导向、面辅料设计导向、配饰设计搭配导向等是后期具体产品设计的指引,产品规划中的主题概念为设计师在后期具体设计中提供了方向,并为后期准确定义产品打下了重要基础。服装产品规划中所涉及的品牌整体定位、产品定位、价格定位、消费者需求定位,以及具体的操作流程和时间规划,是后期设计、采买、生产、管理等方面的行动指引,使得后期具体产品开发设计等相关工作变得更加具有目的性。

第二节　品牌男装产品开发设计

一、服装产品开发设计的概念

服装产品开发是服装企业围绕新季度产品开发而展开的具体设计活动及流程,是品牌服装企业产品规划后续的产品具体开发设计阶段,产品开发小组依据产品规范所制定的产品规划进行总体部署,依据相关款式架构、色彩架构、面料架构等进行具体的单品以及系列产品设计。

相对来说,产品规划阶段所制定的产品设计规划只是为后期具体设计所进行的大的架构设计,是后期设计的引领与统筹,起到框定范围和指引方向的作用。而后期的具体设计,则是通过单款产品和系列产品的深入、具象设计来呈现产品形象、风格和细节。虽然两者在所涉及的部门和人员方面有着重合之处,同样会涉及企划部、销售部、采购部、技术部、设计部等相关部门,但是因工作阶段任务目标不同,所涉及部门需要协同配合完成的工作任务也会有所不同。两者之间的关系好比是建造房屋,前期产品规划阶段的任务是完成房屋的建造风格和梁柱骨架、楼层结构框架等工作,而后期具体开发设计阶段则是运用具体的建筑材料来完成房屋外墙和内部填充等工作,使得房屋形象和功能更加具体化。

二、成衣品牌男装产品开发的主要环节

(一)市场调研

市场调研是成衣化男装设计的重要环节,主要包括市场环境调研,消费者调研,同类产品的竞争对手分析调研三个部分。运用科学方法把握分析市场营销的相关内容,为服装设计和市场营销提供直接数据。

市场环境调研——从宏观上分析产品市场的周边大环境与市场容量,寻找产品市场的问题和机遇,为服装市场的战略策划提供理论依据。市场环境调研的方法有实地调研、试验调研、问卷调研等主要形式,企业根据自身产品的特点和消费市场进行针对性的调查。

消费者调研——调查消费群体对产品的审美需求、购买动机、购买方式以及对产品优劣的评价和建议等,询问消费者对产品的造型、色彩、面料、工艺、包装、销售手段等方面的意见。对产品销售地点、销售人员的素质、服务态度等方面进行调查,了解消费者对产品各种属性的重视程度和对产品的理想形象等方面的诉求。

同类产品调研——主要针对同类产品、同类定位的具有竞争性的品牌进行调查。不管是国际还是国内的品牌,将本季的服装与往季的同类服装相互比较,了解企业的产品与同类产品在市场上的竞争位置。这种横向和纵向的比较有利于设计师把握自己产品的优势和劣势,知己知彼才能扬长避短,从而更好地确立产品定位(图7-2)。

图 7-2　同类产品的相同设计元素应用调研

（二）设计构思

　　设计构思的形成就是对构成设计的各个因素进行综合比较和挑选，找出对设计构思有利的因素，确定设计的切入点，从而制定出初步的设计方案。设计构思是实施整体方案的首要步骤，在设计过程中要发散思维，创造新的设计思维点，在总结前人成功经验的基础上进行升华。从另一个角度来说，服装的流行也是对过去服装的重新理解和认识，并从中寻找出新的设计思维点。设计师需要进行各种信息的搜寻和整理，例如可以从书刊杂志、电视电影、绘画作品、音乐作品、建筑艺术等方面找到灵感。对各种流行趋势资料进行收集和分析，对款式、面料和色彩的流行资料进行归纳和研判，找出适合自己产品的有用资讯，在此基础上重新进行设计。除了对书面资讯的收集与整理，还需要进行一定范围的市场调研和生活空间的实地采风，了解目标人群的消费状况、生活方式、市场环境等，从中得到反馈信息，并以此为根据作出新的预测，调整产品结构，进行新的构思，设计出适合目标市场的成衣化男装产品。

（三）设计表现

　　设计的表现不仅仅是我们通常理解的画服装效果图，而是一种从平面到立体、从整体到局部的形象思维能力。设计师对设计构思的表现是否具体和到位，直接影响后期样衣的制作。成衣化男装的设计表现主要分为服装效果图、平面款式图、设计结构图三种。服装效果图表现的是成衣着装的整体效果以及服装在人身上的大体比例关系，包括服装的造型、款式、色彩、材料、肌理、装饰、工艺等，适当辅以动态和相关饰品的表达。一般注重表现正面效果，但如果设计的重点在背面，也会着重表现背面效果。成衣产品设计中与服装效果图相匹配的还有平面款式图。平面款式图需要表达出服装款式整体设计及各个关键部位的结构线、装饰线、裁剪与工艺制作要点。通常平面款式图要求画出服装的平面形态，必要的时候也需要表现出服装的立体着装形态，包括具体部位的详细比例，服装内结构设计或特别的细节设计。平面款式图一般用手绘或者电脑软件来制作。手绘平面款式图是传统方法，相对于电脑表现技法来说手绘作品的线条表现更具有动感和表现力,但是作品的修改和色彩、面料效果模拟等方面不如电脑绘制技法在后期处理上的便捷,所以现在许多成衣公司都要求用电脑软件绘制平面款式图,以便于设计文档的储存、修改、模拟效果以及下单应用。常用软件有 Adobe Illustrator、CorelDraw 等(图 7-3)。

图 7-3　男装效果图与平面款式图

(四) 样品试制

　　样品试制是指样衣师根据设计师的平面款式图,根据款式设计所需的工艺流程,进行实际的面料和辅料的剪裁,完成样衣的制作。在样品的制作过程中,设计师需要与样版师、工艺师沟通,让对方充分了解产品设计相关信息,同时,样版师、工艺师也需要与设计总监和设计师进行一定的沟通,了解设计师的设计想法,这样能够更好地保持产品风格并与设计相符。样衣的功能一般包括为了解设计的制作效果提供方便,并为后期制作流程提供参考。因此样衣需要做到尺寸规格标准规范,部位结构准确合理,整体工艺制作精细考究。样衣完成后,由公司的试衣模特进行试衣,以便设计师观察样衣的不足之处,并对不足之处进行修改。依据实际需要,这个过程可能要经过不止一次的修改才可以达到最终满意的效果。一般情况下,同一款式需制作四、五件样衣,经反复修改后最终定款,才能保证后面批量成衣的产品质量。

(五) 工业样板

　　服装的工业样板是建立在批量测量人体并对测量数据加以归纳总结而得到的系列数据基础上的裁剪方法,它最大限度地保持了群体体态的共同性,保留了个体的差异性,实现了两者的对立统一。在服装企业生产过程中,每个规格的成衣都有一套标准样板作为裁剪的依据,这些成系列的标准样板就是工业样板。为了适应工业生产,需要先制作出工业纸样,然后再根据所需大小号数进行推档放号。现在大多数大型企业用电脑来推档,并画出纸样,再由技术人员按照此图进行核对和修正。服装工业化生产通常都是批量生产,从经济角度考虑,厂家自然希望用最少的规格适应更多的人体号型。但是,规格过少意味着抹杀个体的差异性,因而要设置一定数量的规格,制成对应的规格表。工业样板的大部分规格都是归纳过的,是针对群体而设的,对于消费群体来说具有一定的普遍适用性和覆盖率,对于消费个体来说并不能完全符合需求。

　　成衣化男装的工业样板制作完成后,便进入排料生产环节,在排料中需要把握"完整、合理、节约"的基本原则。传统生产加工模式的排料环节多由手工完成,现今规模化企业较多,均利用计算机辅助制造系统(CAM)来完成排料和裁片的切割,具有节省布料、缩短工作周期、提高生产效率、确保服装品质和减轻劳动强度等功效。

(六)批量生产

　　在完成以上的工序后,按生产计划进行批量生产。生产流程一般包括剪裁—缝制—整理—整烫—检查—包装。剪裁工艺是批量生产的第一道工序,主要是把面料、里料、衬料按纸样要求剪裁为衣片并进行标记、分类、编号。之后进入缝制环节,将衣片缝制组合成服装。完成缝制后,需要对服装进行整理和整烫工艺处理,通过熨烫塑型以保证服装的外观效果。检查是指通过一定的质量检验措施,检验产品在剪裁、缝制、成品以及出厂等过程中的质量问题,比如断针检验、残次检验等,是保证产品达到质量要求的重要一步。之后再根据不同的材料、款式和要求,对检验合格的产品进行包装、储藏和运输。

三、成衣品牌男装产品开发的设计流程

　　与产品规划流程一样,成衣品牌男装的产品开发设计流程也是围绕公司新产品季成衣产品开发而展开的一系列工作环节和操作流程。产品规划流程属于产品开发总流程的前导环节,所涵盖内容多为方向性的指引,而产品开发设计流程则是后期产品具体设计时候的工作行动指引,所涵盖内容更加细化,涉及到具体款式设计、细节设计、版型设计、面辅料配置设计、服装配饰的组合搭配等。产品系列较多的男装公司通常会在新产品季开发时将设计任务下发给系列或者品类设计小组,而设计流程除了是对于整体产品开发的阶段任务安排,也是统筹各设计小组、设计助理工作任务和时间节点控制的总体规划。

　　图7-4是男装产品开发的设计流程图。图中只列出了与产品开发流程相关性较强的企划部、设计部、技术部,由于篇幅所限,并没有列出市场部、采购部、仓储部等协作部门。考虑到各类型服装公司的业务操作类型和时间安排会有所不同,比如传统的ODM型男装公司与快时尚型男装品牌公司的产品开发时间节点控制会有所不同,所以时间节点一栏中也没有标示出各相关环节的工作任务所需具体时间表和单位。但需要说明的是,无论哪种类型的男装公司,其产品开发都需要依据产品季和上柜销售时间表、地域节气等来控制时间计划,不能以自我为中心,忽略市场销售时间的客观事实。

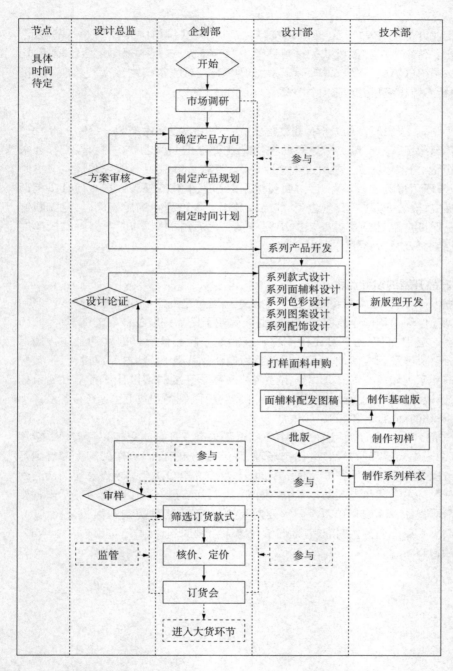

图 7-4 男装产品开发设计流程

第三节　成衣品牌男装产品开发案例

本章前两节所述的品牌男装产品规划流程与产品开发流程是品牌公司男装设计开发的一般流程。如前文所述，在实际操作中，并不是所有男装公司都完全依照此流程顺序进行，有的公司表现为前后环节的衔接关系，有的公司则表现为某些环节的并行关系，即所谓的串联与并联关系。通常在新一季产品设计之前需要总结相关信息并进行具有系统性、时效性、发展性的商品企划，业内做法大多数是先以图文、图表等形式表述前期对流行资讯、市场资讯、竞争资讯的收集与研判，再制作出新一季的商品企划书，主要包括感性的导向图片与企划文案以及理性的季节色彩架构分析、材料搭配与组合、服装廓形导向等。通俗地讲，商品企划需要解决的问题是在正确的时间和地点，以正确的价格和数量的商品，来满足目标顾客的欲求与需求。

为了更加清晰地了解男装产品开发各关键流程所包含的设计要点，本书将以男装项目课中某企业的产品开发项目为案例进行详细讲解。

一、项目概况

该项目是为某大型男装公司设计 2021—2022 年秋冬产品。该公司旗下拥有三个不同的男装品牌，在业内赢得了较好的口碑与市场地位，各品牌商业网点近千家，遍布全国各地，主打产品有男士西服、衬衫、休闲夹克、裤装等，一直以来市场销售排名靠前。

项目组首先需要了解所服务的品牌的品牌文化、品牌历史、品牌理念，以及品牌产品的目标市场、市场地位、产品类别、价格档次、产品功效，并且对顾客需求、顾客属性、产品销售通路、运作模式等情况加以研究，还需要对企业现有生产线或者供应商的生产能力做调研分析，再结合品牌的状态与发展愿景，了解品牌将来发展目标和诉求，确定其相应的市场定位、产品定位、品牌定位，制作相应的商品企划书。

二、品牌定位

品牌定位是企业在市场定位和产品定位的基础上，对特定的品牌在文化取向及个性差异上的商业性决策，它是建立一个与目标市场有关的品牌形象的过程和结果。即为某个特定品牌确定一个适当的市场地位，使商品在消费者的心中占据一个特殊的位置。当某种需要突然产生时，比如在炎热的夏天突然口渴时，人们会立刻想到"可口可乐"的清凉爽口。品牌定位的理论来源于"定位之父"、全球顶级营销大师杰克·特劳特首创的战略定位。

品牌定位的主要内容包括：

目标市场定位：包括消费对象的年龄段、经济消费能力、职业、生活空间、生活区域以及性格、民族、教育水平等方面的划分；

产品风格定位：即对品牌所倡导的、通过具体产品表现出来的设计理念与流行趣味进行定位；

产品设计定位：产品在设计造型、基本面料、基本色系等方面的方向定位；

产品类别定位：包括主打产品、畅销产品、常销产品、辅助产品等类别与比例的定位；

品牌形象定位：包括产品形象、服务形象、卖场形象、宣传形象等在内的品牌形象定位；

品牌目标定位：包括品牌销售目标、市场地位目标在内的品牌发展定位；

价格区间定位：包括不同品类产品价格上限和下限的定位；

销售定位：包括产品通路与营销手段等方面的定位。

某品牌是一个上市已久的成熟的男装品牌，很多工作已经很完善，其原先品牌定位是经过严格认真的调研，在专业经验与设计感觉的指导下确定的，品牌定位比较合理，无需做太多的改动。但是在市场运营中，市场环境、竞争对手策略、消费者属性等企业外部因素以及一些企业内部因素会发生变化，使得市场变得难以驾驭。品牌在实践运作过程中会不同程度地出现预定目标与市场现实之间的差异，因此需要在一定时间段过后对原来的品牌定位进行工作检讨，及时发现不足和差异，围绕市场最新态势与品牌发展愿景进行再定位。

三、 信息收集

产品开发之前需要做很多重要的前期设计资源准备工作，做到"知彼知己"。这里的"知彼"一方面是指时代的进步和新产品发展的趋势，企业需要对目标市场环境、消费者购买需求与习惯动向、面辅料动向、零售市场动向、行业整体动向、竞争对手、目标品牌、流行资讯等外部资料进行收集与研判；另一方面则是指对于上季销售数据的整理与分析，包括主打产品系列的发销率、门店平效、生产线水平以及相关供应商状况等内部资料与资源的分析。"知己"则是在这些内外部资料研判基础上的下一季产品开发方向的定位，通过对市场环境的分析，结合企业发展愿景规划，选择品牌目标市场，综合市场调研、流行趋势预测、企业自身状况等因素，建立品牌定位，并由此衍生出品牌理念与风格设计（图7-5、图7-6）。

精纺条纹毛料　　　　　　　自然贴身的肩部线条　　　三件套
花灰色底布上铅笔条纹　　　收腰设计　　　　　　　　服饰配套设计

图7-5　对所收集的流行资讯做出总结分析

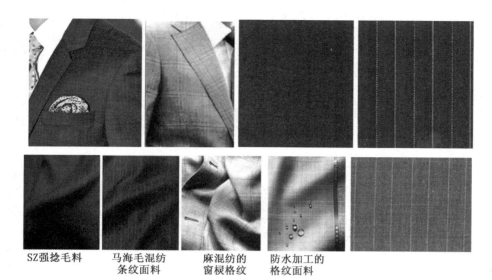

SZ强捻毛料　马海毛混纺条纹面料　麻混纺的窗棂格纹　防水加工的格纹面料

图 7-6　收集面辅料流行动向用于下一季开发

上一销售季节的产品销售状况,一般是以发货数量与销售数量之间的比率,即发销率作为判断依据的。正价发销率越高代表该类产品越畅销,发销率偏低说明产品在款式设计、面料设计、商品陈列、销售导购等方面出现了不足之处,在下一季产品开发中需要联动考虑。另外,销售区域市场差别也会影响到发销率,会影响到下一季产品铺货区域的调整(表 7-1)。

表 7-1　某品牌西服套装 2020—2021 年秋冬销售情况

系列名称	款式数	同比	发货数	销售量	发销率	同比	销售单价(元)	同比
新品系列	10	10	20 228	10 221	50%		1 868	
精品系列	11	−1	5 008	2 260	45%	17%	4 280	−10%
抗皱系列	7	−1	24 005	11 217	48%	8%	2 468	−2%
基本系列	12	−6	27 665	10 508	38%	10%	1 650	−1%
总计	40	2	76 906	34 206	44%	13%	均价 2 566	−2%

对终端销售反馈信息的总结分析,可以为上一季产品研发结果的评价提供必要依据,以便及时调整库存压力,减少断货缺货现象,调整区域市场供货不平衡等情况,同时也可以为下一季产品研发提供指导(表 7-2)。

表 7-2　某品牌西服套装 2020—2021 年秋冬销售总结与下一季设计建议

销售情况总结：
• 从上表可以看出，发销率总体同比上升了 13%，呈现上升趋势，但是仍然存在一定的库存压力，需要加大改进力度 • 新品的发销率达到 50%，相比较高于其他系列 • 品牌产品需要增加新的设计元素，推出新品，改变原有产品风貌、产品质量、产品服务等，寻求新的销售点
2021—2022 设计建议：
• 在保持基本系列设计基础上，发掘新的设计元素和设计点，适量推出新品 • 新品系列发销率较好，随着研发经验的积累以及流程的逐渐完善，需要进一步降低成本，并适度提高产品定价，扩大利润增长 • 加大精品系列和抗皱系列的工艺研发、材料研发力度，不断提升品牌档次

四、时间计划

商品企划的原则是适时、适地、适价、适量。对于面向全国市场的品牌服装公司来说，服装产品具有很强的时效性。我国幅员辽阔，经纬度跨度大，地理上地形地貌差异明显，大部分人口密集的城市四季分明，季节更替明显。因此，服装产品研发需要考虑季候要素，保证产品及时铺货，适时销售。

服装产品研发的时间计划，大多数公司会按照服装产品开发的季节顺序进行，按照春夏、秋冬季节转换产品设计工作。考虑到大货生产订购面料、下生产计划、签订合同、组织生产、仓储、发货等一系列工作所需要的时间，通常会提前六个月左右完成设计开发、样衣制作、定款等工作。

项目组为某品牌制定的产品开发时间计划，是首先给出产品上柜销售波段计划，根据不同波段的产品上货期、销售期、处理期规定相应的时间节点与时间段，然后再逆向推算产品设计开发的时间，这种规划方法也是服装业内产品开发时间计划采用的主流方法之一。时间计划需要考虑的因素有销售区域市场地理位置、物流、供应商、材料采购、生产线、设计部工作能力与工作质量、款式数量、下单数量等（表 7-3、表 7-4）。

表 7-3　某品牌 2021—2022 年秋冬产品销售波段

注：上表所反映的上货波段、销售期、处理期只作为教学范例，开发起始时间、销售期等时间段并不是固定不变的，很多波段时间也是交替衔接的。因各品牌服装公司的产品研发人员配置不同、产品研发数量不同、铺货区域不同、产品品类不同，在实际操作中会存在着一定的时间差异，各公司可以根据自身研发节奏和销售时间段、行业研发时间、季候因素等适当调整。

表 7-4 依据销售波段逆向推算的某品牌 2021—2022 年秋冬产品开发时间计划表(部分)

XX品牌 2021~22 年秋冬产品设计工作计划表(2020 年 9 月-2020 年 12 月)

9月： 大牌宣网流行资讯、意大利调研、组货企划、组货季向案、上海采样、冬款结构、冬1款式设计、秋2产品组织、秋2搭配\拍摄脚本、冬1选款\还样\米样、店铺风格方案、韩国调研、韩国采样、冬1起始、冬1选样\大货面料\产前样\跟单

10月： 韩国返程、国庆假日、流行资讯、冬1款式设计、上海调研、冬2起始、冬2款式设计、冬2选款\还样\米样、冬2搭配\拍摄脚本\主题风格、1588 企划学习面料米样、选择大货面料\产前样\跟单

11月： 季度方向案、东京调研、东京调研、上海调研、上海调研、冬2搭配\拍摄脚本\主题风格、调研总结、冬季企划案、沟通会议、春1预热款式设计、春1选款\还样\米样

12月： 春2款式设计、春1选样\大货面料\产前样\跟单、春1搭配\拍摄脚本\主题风格、春2选款\还样\米样、选择大货面料\产前样\跟单

注:此表只反映了季度产品研发的一部分工作,产品研发的起始与终结时间并没有完全体现。前期秋季产品研发大多数公司是在 8 月份启动,2 月份之前基本完成。鉴于篇幅所限,表中后续部分的秋冬产品订货会相关工作及下一季春夏产品的后续工作并没有完全体现,只选取了一部分作为示例。

五、产品架构

产品架构是对下一季产品的品类与款式的规划,包含对所有产品的比例和数量的规划,为产品开发的品类和数量框定范围、指引方向。产品架构的制定需要把握的原则:①把握季节转变而引起的目标消费者对于服装品类、款式、面料、色彩等方面的穿衣搭配需求;②体现本品牌产品风格、产品品质、设计优势、加工优势等;③上季产品的销售情况总结,本品牌畅销款式与常销款式的研发比例;④根据过往数据以及流行趋势、企业发展需求,对新品研发的预测等。产品架构需要体现内容主要包括各品类产品比例以及各系列产品数据,还有相关服饰品的款式与数据等。

商品构成可以按照主题理念来分类,也可以按照品类来考虑、某品牌 2021—2022 年秋冬商品主题架构中(表7-5),商品大类为商务和休闲两大系列,涵盖经典正装、商务休闲、婚庆礼服以及都市休闲、旅行休闲五个主题系列。五个系列各有构成单品与重点商品企划。服装产品架构的设定,既要满足目标顾客需求,也要兼顾本品牌各季节产品研发风格与功能等方面的连续性。

为了更加清楚地表述产品研发的主题架构,可以将整体架构中的主题系列内容进一步细化,以便明确地表达系列主题设计的主题场景、代表造型、构成品种、款式名称、系列特点、重点设计元素以及不同产品波段的穿衣构成、搭配需求等。例如表 7-6 是对表 7-5 中商务休闲系列的进一步细化说明。

表 7-5　某品牌 2021—2022 年秋冬商品主题架构

商品大类	商务（60%）			休闲（40%）	
主题系列	经典正装	商务休闲	婚庆礼服	都市休闲	旅行休闲
造　型	西装造型 大衣造型	单西、衬衫	燕尾服造型 西装造型	夹克造型 半大衣造型	风衣造型 夹克造型
单　品	西装套装 商务衬衫 正装衬衫 领带、领结 口袋巾 包、皮带 鞋子	商务休闲单西 休闲大衣 商务休闲衬衫 商务休闲裤 领带、领结 口袋巾 包、皮带、鞋子	燕尾服 礼服套装 礼服衬衫 长辈套装 领带、领结 口袋巾、腰封 皮带、鞋子	休闲夹克 休闲衬衫 半大衣、毛衫 长袖 T 恤 休闲裤 围巾、包、皮带	风衣、轻便夹克、 毛衫、休闲裤、长 袖 POLO 衫、棉 褛、派克、包、旅 行箱
重点商品 企划	经典造型西服套 装、单西搭配商 务衬衫和领带， 2 粒扣、3 粒扣， 领面宽回归标 准，经典格纹面 料、超精纺毛料， 人字呢	单西造型，单排 2 粒扣、3 粒扣， 徽章、织带等材 料多样化运用， 全毛花呢、精纺 花呢、毛呢	大礼服、半礼服， 缎纹、织带、胸部 褶裥，胸部、领口 绣花衬衫、珍珠 扣、宝石扣、袖 扣、领结、领带、 腰封，婚庆色彩 设计	增加功能性和新 设计的外套设 计，便装夹克，注 重细节与功能设 计，加强针织面 料的拼合运用	运动休闲设计倾 向，衬衫式外套， 轻薄、高密度面 料，轻便排汗面 料与功能设计

注：表中"单西"这一名词是行业内区别于西服套装，对于单款西服上装或西服下装的约定俗成的名称。

表 7-6　某品牌 2021—2022 年秋冬商务休闲系列产品数据表

主题系列	商务休闲系列				
搭配造型	单西+衬衫+毛衫+裤子（+大衣）				
构成单品	西装套装、单西	衬衫	针织毛衫，各 2 款	裤子，各 2 款	配饰，各 2 款
款式小类	商务休闲服 2 款 全毛西便服 2 款 商务单西 3 款 西便服 3 款 苎麻西便服 2 款	商务衬衫 3 款 印花衬衫 2 款 提花衬衫 3 款 真丝衬衫 2 款 花纱衬衫 2 款	毛衫背心、开衫 毛衫 POLO 心形领套头毛衫 圆领套头毛衫 针织长袖 POLO 针织长袖衫	毛料裤 商务休闲裤 免熨休闲裤 化纤裤	领带、包、皮带 围巾、帽子、鞋子
设计重点	系列提案：棉麻系列、免熨系列、超轻便系列 设计风格：商务款式与版型结构、简约细节设计 主色系：藏蓝、米色、灰色 点缀色：粉色、柠檬黄、芥末色 辅助色：白色、淡紫、水绿 设计元素：英伦格纹、针织元素、撞色织带 关键词：商务、内敛、简约、活力、亲和				
备　注	以上款式各 2 色，5 码				

六、 主题导向

主题导向是对产品架构中所列的主题系列的进一步解析,是通过图文的形式表现出主题系列的代表款式和着装氛围、设计细节等,将产品设计理念进一步具体化的描述过程。很多设计公司在新品开发时均会将主题导向利用 KT 板或者其他展板展示在设计部内部,一来为后续设计指引方向,二来可以为新品研发营造氛围,也便于设计团队在方案会议后适当调整思路,增减导向图片与文案,以及设计团队之间的概念传达和设计协作。特别是在设计小组分发设计任务时,主题导向可以明确地框定产品研发的主题印象和设计细节等。

主题导向所用图片可以是具象的,也可以是抽象的。所列款式图片或者款式图稿也并不代表该系列产品研发需要完全与之相同,其主要作用只是给予产品研发款式廓形、款式印象、面料肌理、设计元素、纹样风格、着装搭配等方面一定的指引。而主题导向中所列产品色彩搭配与工艺细节也同样如此,并不需要完全的对等设计,否则这种研发就变成复制了。

表 7-7 和表 7-8 是某品牌主题架构中的"经典正装"和"婚庆礼服"的设计导向,通过图文形式表现了这两个主题系列产品研发的主题印象与设计细节。

表 7-7 某品牌 2021—2022 年秋冬经典正装系列设计导向

主题印象:素色西服套装搭配净色衬衫,根据出席场合需要搭配领带。采用流畅线条的长腰身,圆润、自然肩线,驳头饱满弧线自然,袖肥小,富有时尚感

设计细节:标配高级牛角扣,另配全套合金蘑菇扣,根据场合需要拆换纽扣;5 层胸衬,塑型挺括;驳头造型经典,小圆角;经典式双层口袋;手工锁眼,手工缝制毛芯;腋下吸汗垫;袖口真衩

表7-8　某品牌2021—2022年秋冬婚庆礼服系列设计导向

婚庆礼服系列款式导向与设计细节

主题印象:庄重而又时尚的婚庆礼服。包括新郎大礼服、半礼服、伴郎套装、父辈套装 设计细节:缎纹、织带、胸部褶裥,胸部、领口绣花衬衫,配领部珍珠扣、宝石扣、袖扣、扣眼胸花、领针;领带、领结、腰封设计;标配高级牛角扣,另配全套合金蘑菇扣,根据场合需要拆换纽扣

七、色彩配比

　　色彩配比是指新一季产品开发的主色、辅助色、点缀色之间的配比与架构,是反映新季度产品视觉印象的要素之一。

　　制定色彩配比的原则:①体现品牌整体风格定位,不可脱离品牌形象,色彩过于跳跃、对比鲜明或者保守晦涩;②把握季候因素对于服装色彩调性的选择要求;③兼顾系列款式之间、上下装之间、内外服装之间、服装与服饰品之间的色彩比例、色彩呼应、色彩节奏和色彩层次关系;④把握流行色与品牌经典用色之间的协调关系。

　　色彩配比常用潘通(PANTONE)色号来标识,便于行业间、公司内部设计团队间、制作工厂上下工序间的交流与确认。潘通色卡是享誉世界的色彩权威,涵盖印刷、纺织、塑胶、绘图、数码科技等领域的色彩沟通系统,已经成为当今交流色彩信息的国际统一标准语言。适用于纺织服装行业的潘通色卡是TPX版(纸张材质)和TCX版(棉布材质),TPX版色号如:16-1826TPX,TCX版色号如:11-0104TCX,是纺织服装面料色彩设计研发、染色、采购等方面的标准交流语言(表7-9)。

表 7-9　某品牌 2021—2022 年秋冬色彩配比（PANTONE TPX）

主色					主色				
	19-4026 True blue	17-3918 Country blue	18-0324 Cedar green	16-1336 Biscuit		19-4007 Black	19-1213 Deep wood	19-4010 Midnight blue	19-1522 Burgundy
辅助色	12-6204 Snow gray	14-1036 Honey gold	18-3220 Very grape		**辅助色**	14-4500 Silver gray	16-0928 Curry	17-1516 Marron	
点缀色	17-1558 Mandarin red	14-4306 Cloud blue	19-3950 Deep ultramarine		**点缀色**	19-1762 Lipstick red	19-3223 Purple passion	18-1703 hark	
要点	主色调以秋天的蓝空与落叶颜色打造秋意渐浓的主题色彩,在彩度鲜明的色彩群中加入辅助色灰色系。点缀色的每个颜色都是非常有主张的色彩				**要点**	主色调以表现冬季来临的土地色调为主。辅以内搭的粉灰色调,显得稳重又和谐。点缀色加入红色系,强调正月节日主题色彩,而灰色调则使得整体色彩搭配安稳、调和			

注:主色是指据全身色彩面积最多的颜色,约占全身面积的 60% 以上。通常用于套装、风衣、大衣、裤子等。辅助色是与主色搭配的颜色,约占全身面积的 40% 左右。通常运用于内搭服装,如毛衣、衬衫、背心等。点缀色一般约占全身面积的 5% ~15%。通常是围巾、鞋、袜子、包、饰品等,起画龙点睛的作用。

八、价格区间

　　良好的服装产品销售业绩有着很多重要的关联因素,主要包括品牌因素、设计因素、陈列因素、导购因素、材料因素、季节因素、价格因素等,其中价格因素是除了品牌因素、设计因素外影响消费者购买行为和下单判断力的敏感因素之一。

　　设定产品价格区间需要考虑的因素:①品牌定位,产品价格区间很多时候会直接反映出品牌属于高端品牌、中档品牌还是低档品牌,因此产品定价需要把握品牌自身的发展目标与细分市场;②细分市场目标消费人群的购买习惯与消费支出状况;③与竞争品牌的价格区间相比,同类产品的价格波动不可过大,利润也要适当,定价太高会造成顾客流失,定价过低会影响品牌档次、降低产品利润。

表 7-10　某品牌高级定制男装衬衫直接材料成本明细

材料	材料名称/编号	幅宽/规格	单价(元)	用 量	成本小计(元)
面料	PP-180222	147.3 cm	347	1.65 m	572.55
	BE-935424		1123		1852.95
纽扣	白银镶雕花贝母扣		8	9 粒	72
缝线	全棉丝光线	21S/4	8	1/20 卷	0.4
领角片	领角插片	7.5 cm	0.2	1 副	0.2
衬料	有纺布胶面领衬		6	1/15 m	0.4
	无纺衬		2	1/10 m	0.2
手工绣字	汉字姓名		10	3 个字 为例	30
	英文缩写		5		15
唛头	领唛	6.5×5.5 织标	0.6	1 个	0.6
	水洗唛	3×3.5 双层织标	0.2	1 个	0.2
	尺码唛	3×3.5 双层织标	0.2	1 个	0.2
吊粒吊牌	纸卡吊牌	11×4.5 彩印+镭射	0.8	1 副	0.8
包装盒	礼盒型	950 g 灰板+250 g 白板, 外裱 128 g 铜版纸,四色 印刷,烫金	6.5	1 套	6.5
包装附件	纸板/有齿塑料夹/领 条/蝴蝶结/外袋		0.5+0.05+ 4+0.2+ 0.1+0.2	1 套	1.2
直接材料价格范围合计				700.25 元 ~1 980.65 元	

注:以上所列材料因所用材质、产品规格、工艺方式、采购时间、供给渠道、品牌等不同,价格会有所波动。

服装产品价格主要由成本+倍率构成,其中成本主要包括设计开发成本、原材料成本、制作加工成本、物流运输成本、运营成本、推广成本等,倍率则与品牌影响力和品牌定位有着较强的关联性。部分国内二线品牌产品价格倍率为 4~8 倍,一线品牌产品倍率可以定到 8~10 倍及以上,而国际一线品牌则可以定到 16 倍以上,休闲、快时尚类品牌倍率相对较低,一般在 2.5~4 倍。表 7-10 是某品牌高级定制男装衬衫直接材料成本明细,从表中可以看出,构成服装主体的面料成本占据大部分比例。

品牌服装产品研发中,设定产品价格区间的最主要目的是促使设计部门在产品企划、产品设计中对于所用服装材料的价格把控以及相关联的制作加工成本把控。在实际的设计开发中,很多时候设计师最终放弃采用心仪面料的主要原因即原材料成本太高,超出了产品定价范围,影响到产品销售和利润。所以设计师在产品设计中需要具备敏感而专业的价格意识,才能确保所设计产品适销对路(表 7-11)。

表 7-11　某品牌西服套装 2020—2021 年秋冬价格区间

系列名称	价格区间(元)	价格区间(元)	价格区间(元)
西服套装	1 880~2 580 30%	2 680~3 988 60%	4 280 及以上 10%
休闲装	1 480~1 880 25%	1 980~2 888 60%	3 000~3 680 15%
		集中价格带	

九、 材料架构

材料架构初步框定了整个季度产品开发将用面料的品种、品质、厚薄、支数、克重、肌理等方面的组合关系。材料架构对于后期开发如何把握整体产品的色彩搭配、肌理效果提供框架,也便于面料小样的调取、大货样生产采购等。

制定材料架构的原则:①品质因素,面料品质要求不但反映出服装产品的质量要求,更是品牌价值的体现;②价格因素,面料价格是构成服装产品成本价格的最主要因素,在制定面料架构时需要根据品牌产品价格区间考虑面料价格的浮动范围;③搭配原则,需要根据货品的出样搭配原则考虑面料品种、色彩、质感和图案、肌理等,所选面料品种不宜过多,也不能过少,过多会占用大量资金,产品出样显得繁杂,过少则显得过于单一;④季候因素,面料架构制定需要考虑季节更替、气候变化对于服装面料厚薄、保暖性、透气性等方面的需求。以秋冬产品为例,所采用面料需要根据秋冬不同波段的上货需求,控制面料由薄变厚的推移变化,控制薄、厚面料的比例(表 7-12)。

表 7-12　某品牌 2021—2022 年秋冬面料架构(部分)

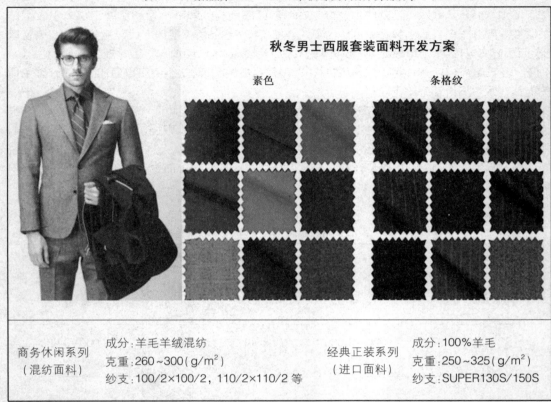

商务休闲系列 (混纺面料)	成分:羊毛羊绒混纺 克重:260~300(g/m²) 纱支:100/2×100/2，110/2×110/2 等	经典正装系列 (进口面料)	成分:100%羊毛 克重:250~325(g/m²) 纱支:SUPER130S/150S

注:此表所示面料开发方案,重在表达面料风格、肌理、成分、克重、纱支等信息,至于面料色彩,可以按照色彩配比中的色号交由供应商打色样。

十、深入设计

　　完成了整个季节产品设计的前期规划以后,便进入具体设计环节。设计部门按照产品设计定位以及前期相关信息资料,结合产品设计的时间计划、产品设计任务与结构规划,完善每个设计主题,用具体的款式设计将色彩与面料企划落到实处,将产品设计概念转化成有形的款式。具体款式的深入设计需要突出系列产品的设计主题,表现出品牌风格,还需要把握整盘货品设计的变化与统一,做到整季产品主销产品、畅销产品、常销产品、展示产品、延伸产品之间层次分明,使得产品设计既能服务现有顾客,也能网罗更多目标顾客。

　　产品设计一般是以单线款式图来表达的,视具体情况以及企业设计要求而定,也有些产品设计是以服装效果图加平面款式图的形式来表达的。通常除了款式图外,为了准确、细致地表达服装的穿戴关系、结构关系或者着装状态,部分品牌公司的设计稿件会附加细部分解图来进一步诠释设计细节、缝制方式、切线尺寸以及产品的穿插关系、系扣方式、局部缝制工艺要求与缝制方式等(表 7-13)。

表 7-13　某品牌 2021—2022 年秋冬产品开发设计用稿样张

××服饰有限公司西装 设计稿						
系 列	商务休闲	款 号	××16AW012Q1	波 段		秋一

款式图

打板规格	
175/92A　50#	
部位	尺寸(cm)
后中长	74
胸围	110
肩宽	47
中腰	101
下摆	110
袖长	62.5
袖口围	30

设计细节

切0.3cm

做法参照

胸省工艺图示

内部设计

套结
精细嵌条
装饰线

撞色嵌条 0.5 cm,口袋两端 D 字套结

面料	编号:YJ295Q	编号:YJ298Q	里料	编号:HY08T3	辅料	编号:JH618# 6	编号:JH618# 9
	供应商:雅景	供应商:		供应商:和煜		供应商:锦辉	供应商:

备 注	缝纫线:涤棉配色线 40 s/2

设计师		设计总监		样板师		样衣工号	

注:不同公司设计部所用产品设计稿样式不尽相同,此表一般用于内部交流,只要必要项目不缺少,在设计部、技术部、制作车间、外协工厂等不同部门之间沟通方便、设计意图传达效果良好即可。

　　在产品深入设计过程中,设计师需要自始至终树立品牌意识,按照本季产品设计企划的整体规划,把握产品架构的导向,进行各主题产品系列的款式开发具体设计。系列产品的单品设计首先需要符合系列主题、色彩方向以及整体的风格企划,其次需要注意树立整体意识,具体单品设计的廓形、细节、色彩、风格、面辅料搭配、工艺设计等设计元素需要符合整个系列的主题风

格。构成系列产品组合的各单品需要具备相互搭配、风格呼应的设计特征,在款式设计和搭配组合时需要依据主题系列的表达需求区分主、辅产品,使得系列产品层次分明而又相互协调。波段产品之间在设计风格、廓形、设计细节等方面需要具有一定延续性,使得整盘产品具有整体延续的设计表述语言。系列产品设计的整体性、延续性,不但能够在销售陈列时使出样产品风格整体协调、主题气氛强烈,还可以在销售过程中通过系列产品之间的穿插、搭配体现协调的整体风格,带来关联销售。在设计开发时,设计小组需要定期汇总各分类设计师的款式设计工作,通过阶段性的内审进行评判,修正设计偏向,进一步明确产品设计主题,对所设计款式进行必要的删减和增添。表 7-14 是某品牌秋冬产品设计的阶段整合图。

表 7-14　某品牌 2021—2022 年秋冬商务休闲系列秋一波产品组合(部分)

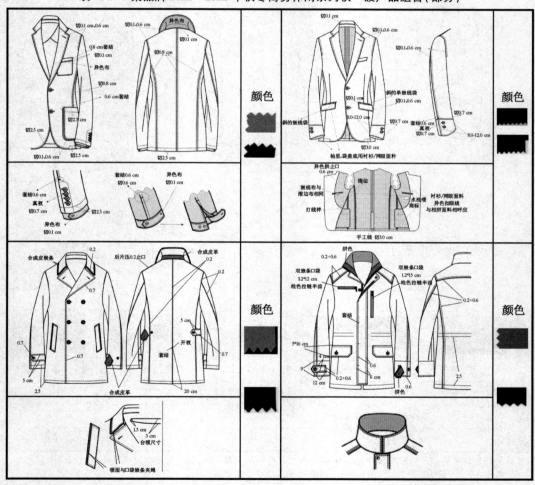

按照以上十个步骤完成了相关工作并不代表开发工作全部结束,还需要进行后续的一系列总结工作。从商品企划到后期的深入设计、产品打样完成,品牌服装新季度产品开发一般都会历经数月时间,整个过程中需要在不同关键时间节点进行相关方案遴选、设计评价以及设计反

思,不断修正研发过程中的各种问题,才能减少因各种设计方案的风格偏向、定义误差而导致设计结果错误或者偏离。

方案遴选工作主要包括企划文案讨论并选择、设计图稿筛选、样衣评估、订货会产品筛选、零售商品筛选等。设计评价是在设计开发过程中各关键节点,通过内审会议等形式对设计活动进行评价,主要包括方案评价、款式设计评价、产品评价等,其最终目的是获得最优设计方案和设计产品。设计反思则是在产品开发最末阶段或者初期产品销售一段时间后,结合销售数据所进行的产品研发总结,主要包括产品流行元素的应用状况,此项内容反映在顾客消费评价中的产品流行度调查数据中;以及与其他品牌产品相比,产品面料研发对新材料、新工艺的应用状况等。

第四节　品牌男装产品设计管理

　　品牌男装产品设计流程管理的目的是对品牌服装设计开发过程进行有效监督和控制,确保产品开发各环节顺利进行,前后环节衔接顺畅,各时间节点的相应工作任务完满完成,工作质量把控良好,以及协调各相关人员之间的协作关系,促进整个开发流程高效合理。良好的设计管理可以提高品牌男装企业新品开发的设计质量,大大降低设计成本与运营费用。通过每个工作环节、时间节点的有效监管与控制,可以避免后续错误的发生,防患于未然。

　　品牌男装产品设计管理具体包括以下四个主要部分。

一、设计开发流程中的质量管理

　　设计开发质量管理的目的是确保新产品开发方案能够达到预期目标,并在生产阶段达到设计开发阶段所要求的质量。在确定了整个设计开发流程之后,设计开发过程中的每一阶段的审查与评审不仅能够起到监管与控制作用,还能够通过开发团队的集思广益来提高新产品品质。品牌服装公司在产品开发流程中,除了遵循行业与国家的标准质量体系以外,还需要根据品牌档次严格做好相应的质量管理工作,才能确保以最优质的产品与服务体系来服务现有顾客,网罗更多新顾客。对于一些涉及出口产品的男装品牌公司来说,其产品质量不仅需要遵循标准的质量体系,还需要遵循订单的质量要求以及出口国的服装质量检测标准体系。

　　质量管理不仅是对产品设计开发流程的严格控制,而且对产品实际投产的生产阶段的作用更为重要,对有形产品的质量把控会直接反映在产品的最终质量上。产品开发质量管理的有效方法包括:采取制度化的管理措施,制定科学合理的质量管理制度,多维度监管职责明确的工作任务与工作质量,采用有效的绩效考评机制等。

二、设计开发流程中的成本管理

　　服装产品开发必定需要投入大量的人力、物力和财力,无论是人员工资,还是物料投入、产品试制打样、固定资产折旧等必要成本。特别是对于新公司来说,财务问题是新产品开发的基本问题。服装新产品一旦进入开发程序,就会涉及诸多财务问题,如筹措资金问题,成本预算问题,利税回收及投资收益率等问题。新产品开发过程中要经过反复的财务论证,每一服装系列的产品开发报告都应该是一份小型的可行性论证报告。而成本问题则贯穿于服装产品开发的始终,不论是新公司产品开发,还是现有公司的产品开发都是如此,设计开发成本将会影响到产品定价,而产品价格也会影响产品销售数量和利润等。企业产品开发时需要根据目标市场容量配置相应货品数量,制定利润目标以及相应的产品成本计划,再将这一计划贯穿于新产品结构中,分配到各服装具体产品上。如前文所述,设计师在产品开发中,经常会碰到好不容易找到某款与产品风格相近的面辅料,却因为其价格过高而放弃的情况。企业产品的市场地位、市场档次以及服务人群的购买力、消费习惯等因素决定了本品牌产品的定价范畴,而过高的面料成本必然会直接抬升产品的销售定价。

在产品开发阶段,有效控制成本的方法包括:产品研发流程环环相扣,各环节无缝对接,快速反应,不产生待工待料待时的现象;必要时在某些环节采用并行化设计开发流程;产品各环节精准确认,从而减少内审次数;集中选择设计外包单位、集中采购面辅料等。

三、 设计开发流程中的标准管理

对于男装产品规划流程中各环节的节奏把控、协作沟通、整体管理是产品经理或设计总监必备的专业素养。品牌产品规划流程是一个系统工程,特别是对于大型品牌的多个产品线开发来说,更是涉及企业内的企划部、采购部、技术部、设计部等多个部门,以及外部面料设计、生产企业和产品协同生产企业等。品牌产品开发流程管理者不仅需要具备丰富的市场经验、较强的品牌运作能力,还需要具备很好的沟通、协调、分析及管理能力,从而更好地衔接各部门之间的工作步调和进行质量管理。对于如此繁琐而又涉及多部门、多人群的开发流程,唯有设定统一的执行标准才可以做到各环节的无障碍沟通和结果确认,避免天马行空的拍脑袋决定和设计结果无法评判优劣等现象的发生。通过统一的行动标准来协同各部门、多人群的行动步调,使得设计开发有据可依。例如对于设计开发中的产品色彩规划,企业通常多会运用标准、统一的色彩体系编号,例如潘通色卡,来描述所设计产品的色彩特征,便于不同环节的沟通、协作、确认等。

男装产品开发流程中的标准管理主要包括:设计进度的标准、设计表达的标准、设计评审的标准、设计程序的标准等。

四、 设计开发流程中的决策管理

男装产品开发流程中会涉及很多方向性的决策工作,包括新季度的产品开发阶段的时间计划,设计企划阶段的生产计划,产品上市规划以及新季度的形象规划等事宜的建议和决策。良好的决策体系反映了企业的管理工作效能,在实际经营中,为数不少的服装企业多有过企业经营决策权力集中于某个人或者某个小团体的情况,这一现象不仅出现在很多家族式的私营企业中,在大企业中也经常会出现。诚然,这种以亲缘关系、裙带关系为纽带的经营管理团体在企业创业初期发挥了很好的协作功能,但是随着企业的不断发展,这种牢固的相互关系会逐渐显现出不足之处,尤其是权力的过于集中会影响到企业的开放、创新和发展。很多设计师在工作中会有这样的感受:很多中小企业老板什么都管,除了经营方向决策外,甚至连产品设计之类技术上的决策也会频繁插手,造成很多设计师在产品内部评审、产品方向决策时因顾及情面而难以表达正确思想。当然,其中不排除有很多企业老板长期打拼,积累了很多技术经验,其合理的决策意见对于企业产品开发非常有益。因此,这个问题需要辩证地看待。

要在设计开发中避免企业产品决策过于集中,避免产品开发后期损失加大,首先应建立科学合理的产品开发决策制度与流程,制订产品决策标准。其次,必须要贯彻科学决策理念,不能因为各环节流程繁琐而走过场。对于产品开发相关的决策应采取小组会议或者联合会议的形式来讨论通过。避免产品开发决策出现偏向与误导的方法包括:建立严谨的决策流程并通过辅助文件、问卷调查等途径收集了解不同观点,综合分析,平衡个人在决策中的权限,这一点无论是对于企业经营者还是设计总监来说都是如此,这样更利于企业产品开发决策方向的正确引导。

本章小结

    品牌男装是系统化、系列化的男装产品,其产品开发均为多季节跨度的连续设计开发,其中涉及多系列产品之间的款式呼应、色彩搭配、面料配置等方面,以及时间控制、人员安排等复杂环节,要求品牌男装公司具有有章可循的产品整体规划来统筹安排各环节的工作、合理安排设计人员及相关协作岗位,并制定一定的管理制度来监管各环节的工作任务、工作质量、服务质量以及效益管理与考评等。本章针对品牌男装开发设计流程的关键要素以及主要环节和设计流程、设计管理进行阐述,对男装产品开发做了一些知识的梳理,为男装开发设计提供参考。

思考与练习

    1. 以具体的案例分析阐述产品规划如何把握品牌理念,如何反映品牌风格。

    2. 依据实际品牌或者模拟品牌,制定男装产品开发设计企划案。

    3. 以设计小组的形式分别完成某品牌男装产品春夏、秋冬开发设计。

参 考 文 献

［1］杰伊·麦考利·鲍斯特德. 男装革命:当代男性时尚的转变［M］. 安爽,译. 重庆:重庆大学出版社,2020.

［2］戴孝林. 男装结构设计与纸样工艺［M］. 上海:东华大学出版社,2019.

［3］金伯利·A. 欧文. 高级服装面料创意设计与工艺［M］. 倪明,译. 上海:东华大学出版社,2020.

［4］李兴刚. 男装缝制工艺［M］. 上海:东华大学出版社,2020.

［5］张剑峰. 男装产品开发(第3版)［M］. 北京:中国纺织出版社,2020.

［6］潘健华. 服装人体工程学与设计(第三版)［M］. 上海:东华大学出版社,2020.

［7］汪郑连. 品牌服装视觉陈列［M］. 上海:东华大学出版社,2020.

［8］许才国. 男装设计(第2版)［M］. 上海:东华大学出版社,2019.

［9］杨以雄. 服装买手实务(第3版)［M］. 上海:东华大学出版社,2018.

［10］刘瑞璞. 男装纸样设计原理与应用训练教程［M］. 北京:中国纺织出版社,2017.

［11］张明. 塑造男性气质:男装的艺术［J］. 装饰,2022,(04):8-9.

［12］邵丹,叶紫微,李敏. 奢侈品男装的产品属性对消费者满意度的影响［J］. 东华大学学报(自然科学版),2022,48(03):121-130.

［13］郑喆. 高级定制男装的顾客价值构成要素［J］. 纺织学报,2017,38(01):152-156.

后　记

　　本教材注重男装产品设计本源,首先从产业发展现状到消费需求变化分析入手,介绍了产业发展以及消费需求驱动的设计理念变化需求动因,在此基础上重点阐述了男装产品开发设计方法与流程管理,并通过详尽的设计开发案例讲解其中关键节点需要把握的各相关要素。教材后半部分引用大量流行图例和款式设计实例介绍了男装单品设计与系列服装设计的相关方法与设计重点,同时引入实际案例讲解了男装服饰品搭配设计方法与流程。写作过程中还在基于当前男装消费模式分析基础上,加入了部分线上产品量化数据分析,使得男装设计不再单纯依据流行趋势来作为导向,更加注重大数据的分析研判,对于如何把握产品设计结构、设计方向有了更加理性的支撑。

　　编写过程有一部分时间是作者在香港理工大学纺织与制衣学系访学期间完成的,其间利用闲余时间大量调研了很多国际著名男装品牌的产品设计与搭配组合、陈列展示等,并将对于这些男装潮流信息的理解编写入章节内容中。其间也在参与企业设计工作中不断积累实际经验,将产业实践经验糅入到对于产品设计的理解中,并与一些品牌服装公司的企划部朋友、设计师朋友做了很好的交流,对于教材的章节架构、重点内容的科学性、合理性做了深入探讨,删除了一些过于琐碎的细节,阐述了更多的产业实践经验和案例分析。

　　文中单品设计中的拓展设计部分,引用了作者主讲的男装项目课程和计算机设计基础课程中所指导的部分同学习作,在此感谢史雅妮、周晓乐、杨宇辰、何照霞、程欣等同学,另有部分图文资料由于不能一一联系作者,在此一并表示衷心感谢。

作　者